빛깔있는 책들 101-16

# 전통 상례

글/임재해 ● 사진/김수남

**대원사**

**임재해** ───────

영남대학교 국문학과를 졸업하고 같은 대학원에서 문학박사 학위를 취득하였다. 현재 안동대학 민속학과 부교수로 재직하고 있다. 저서로는 「꼭두각시놀음의 이해」「민속문화론」「설화작품의 현장론적 분석」 등이 있고, 편저로「한국의 민속예술」「한국 민속학의 과제와 방법」 등 여러 책이 있다.

**김수남** ───────

연세대학교 지질학과를 졸업했으며 동아일보사 출판사진부 기자를 역임했다. 현재는 프리랜서로 일하고 있다. 사진집「풍물굿」「장승제」「호미씻이」를 냈다.

# 전통 상례

| | |
|---|---:|
| 상례의 의례적 특징과 의미 | 8 |
| 삶에서 죽음의 순간까지 | 17 |
| 주검과 영혼 그리고 저승 사자 | 22 |
| 주검을 다루는 산 자의 손길 | 28 |
| 상주가 감당해야 할 의례들 | 36 |
| 출상 전야의 빈 상여 놀이 | 46 |
| 다시래기의 웃음과 민중의 슬기 | 52 |
| 장례 행렬과 장례 풍속의 변모 | 59 |
| 상여와 영여의 세계관적 상징성 | 71 |
| 상엿소리의 구실과 죽음의 인식 | 78 |
| 묘터 잡기와 시공간의 문제 | 86 |
| 무덤 다지기와 덜구 소리 | 94 |
| 3일, 3월, 3년 만의 세 의례 | 100 |
| 죽음의 의례와 출산의 의례 | 103 |
| 존재와 세계에 대한 이원적 인식 | 107 |
| 상례의 모순 현상과 산 자의 소망 | 113 |
| 참고 문헌 | 117 |

# 전통 상례

# 상례의 의례적 특징과 의미

    죽음은 사람이 태어나서 거쳐야만 하는 마지막 의례이다. 출생과 죽음은 일생의 통과 의례 가운데 시작과 끝에 있는 가장 중요한 의례이지만 출생에 비해 상대적으로 죽음의 의례가 더욱 높은 비중을 차지하고 있다.

    그러한 사정은 의례의 절차나 규모에서 잘 드러난다. 해산 이후 삼칠일을 거치는 동안 또는 백일 잔치나 돌잔치를 하는 동안 수행되는 의례들을 보면 그 절차나 규모가 상례에 비하여 매우 간단하거나 작은 규모로 치러진다. 뿐만 아니라 전통적인 의례의 양식이 지켜지는 정도를 봐도 출산 의례는 최근 20년 동안 크게 달라져서 본래 의례의 모습이 거의 없어지고 있으나 상례의 경우는 아직도 그 관행이 많이 유지되고 있어 통과 의례 가운데에서 가장 전통적인 모습을 지니고 있음을 알 수 있다.

    일생 의례 가운데 혼례를 '대례'라고 할 정도로 가장 높이 일컫기도 하지만 대례 때 타는 가마를 보면 운구 때 사용하는 가마인 상여에 비할 것이 못 된다. 혼례 가마는 기껏해야 2인교나 4인교에 머물지만 상여는 적어도 20명 전후의 상두꾼이 메야 하는 큰 가마이

**상여 나가는 장면** 죽음은 사람이 태어나서 거쳐야만 하는 마지막 의례이다. 출생과
죽음은 일생의 통과 의례 가운데 시작과 끝에 있는 가장 중요한 의례이지만 출생에
비해 상대적으로 죽음의 의례가 더욱 높은 비중을 차지하고 있다.

**상여**  혼례 가마는 기껏해야 2인교나 4인교에 머물지만 상여는 적어도 20명 전후의 상두꾼이 메야 하는 큰 가마이다.

꽃상여　상여 자체가 각종 장식
으로 화려한 데다 많은 꽃으로
상여를 두루 감싸므로 상여를
'꽃가마'라고 일컫기까지 한다.

다. 상엿소리에서 "스물 너이 상두(여)꾼아" 하는 것만 봐도 그
규모를 짐작할 수 있다. 흔히 한 줄에 6명씩 좌우에 각 두 줄, 모두
네 줄로 메니 24명이 일반적인 상두꾼의 수이다. 거기다가 화려하기
이를 데 없는 가마가 상여이다. 상여 자체가 각종 장식으로 화려한
데다 많은 꽃으로 상여를 두루 감싸므로 상여를 '꽃가마'라고 일컫기
까지 한다.

　이러한 사정은 서구의 경우도 예외가 아니다. 혼례 때는 예사
승용차를 이용하더라도 운구 때에는 반드시 캐딜락을 탄다고들
한다. 생활이 궁핍한 흑인들도 장례차로 캐딜락을 타는 것이 관례로
되어 있을 정도이다.

　의례의 규모나 시간 역시 상례가 더 큰 비중을 차지하고 있다.
혼례는 하루 이틀에 의례가 마쳐지고 그 의식 절차도 간단하지만
상례의 경우는 3일장에서 7일장까지 여러 날에 걸쳐서 매일 복잡한

의식 절차를 거쳐야 한다. 임종에서 대상을 치르고 탈상하기까지 거의 30여 단계의 의례를 치러야 하며, 햇수로는 3년 정도가 걸린 다. 심지어 유월장(踰月葬)을 하는 경우는 초상만 치르는 데 달을 넘기기까지 한다. 이처럼 의례가 특히 복잡하고 거창한 것은 그만큼 죽음의 의미를 심각하게 받아들이기 때문이라고 하겠다.

상례의 의례적 특징은 일생 의례 가운데 가장 마지막 의례라는 데서 찾을 수 있다. 다른 의례들은 통과 의례를 거치는 당사자가 어느 정도 의례의 주체 노릇을 하는 것이 예사이다. 상례는 삶을 마감하는 순간부터 이루어지는 의례이므로 당사자가 의례를 주체적 으로 수행할 수 없다. 자연히 상례는 의례를 거치는 당사자가 아닌 살아남은 자들에 의해 치러진다는 특징을 지닌다.

이런 특징에 따라 산 자와 죽은 자가 함께 통과 의례의 일정한 과정을 겪는 또 다른 특징을 지니게 된다. 곧 산 자인 상주와 죽은 자가 함께 의례의 구조인 분리(separation) 시기와 전이(transition) 시기, 재통합(incorporation) 시기를 거친다.

13쪽 사진 반 게넵(Van Gennep)에 의하면 산 자는 상주로서 예사 사람들과 분리되어 전이기에 들어가 있다가 탈상(脫喪)을 통해서 상례를 마치 게 되면 예사 사람들의 사회로 재통합을 하게 된다. 상주의 의복을 갖추어 입는 성복(成服) 의례가 분리 의례라면, 성복 이후 전이기에 들어간 상주는 일상적인 삶을 떠나 3년 동안 각종 의례를 수행하고 난 뒤에, 통합 의례인 탈상 의례를 통해서 마침내 본디 삶으로 되돌 아오는 것이다.

**상주** 상중에는 상주와 망혼이 특별한 연대를 이루면서 산 자의 세계와 죽은 자의 세계 사이에 위치하게 되 며, 전이기가 끝나면 상주는 본디 생활로 돌아와 사회 에 재통합을 하고, 망혼은 저승으로 여행을 하여 사후 의 세계에 완전히 통합하게 된다.(오른쪽)

죽은 자도 같은 과정을 거친다. 이를테면 임종(臨從), 고복(皐復), 사자상(使者床)까지의 의례가 죽은 자를 이승에서 분리시키는 분리 의례라면, 그 뒤 탈상까지는 영혼이 이승을 떠나서 저승의 성원으로 통합하기까지의 전이기에 해당된다. 소, 대상까지의 전이기를 거치고 탈상 의례를 하게 되면 영혼이 저승에 완전히 통합되는 셈이다. 따라서 분리 의례에서 통합 의례 사이의 전이기 동안에 산 자와 죽은 자는 상주와 망혼(亡魂)으로서 같은 세계에 머물러 있게 되는 것이다.

곧 상중에는 상주와 망혼이 특별한 연대를 이루면서 산 자의 세계와 죽은 자의 세계 사이에 위치하게 되며, 전이기가 끝나면 상주는 본디 생활로 돌아와 사회에 재통합을 하고, 망혼은 저승으로 여행을 하여 사후의 세계에 완전히 통합하게 된다.

전이기 동안 산 자와 죽은 자의 유대는 계속된다. 빈소에 아침 저녁으로 음식을 올리는가 하면 묘지 옆에 여막(廬幕)을 짓고 3년상이 끝날 때까지 시묘살이를 하기도 한다. 시묘살이가 변형 축소되어 빈소 앞에 기둥을 세우고 짚과 새끼를 둘러쳐서 마치 여막처럼 꾸민 다음, 상주가 여기서 거처하며 빈소를 지키는 관행도 근래까지 행해졌다. 이렇게 전이기를 끝내고 상주와 망혼이 제각기 이승과 저승의 자기 세계로 통합함으로써 모든 의례가 끝나지만 이도 저도 아니게 별도로 남은 것이 있다. 바로 시신인 주검이다.

주검은 이승에도 저승에도 통합되지 못한다. 일상적인 삶의 세계도, 초월적인 별세계도 아닌 공간에 유폐되는 것이 주검이다. 상주가 현실적인 세계에서 이승의 삶을 다시 계속하고, 죽은 이의 영혼은 초월적인 세계에서 저승의 삶으로 새롭게 태어난다면, 주검은 무덤 속에 묻혀 흙으로 썩게 되거나 불에 태워져 흩어지게 된다. 상례가 다른 의례보다 복잡한 것은 죽음이 기타 의례에 비해 한층 큰 의미를 지닌 탓이기도 하지만 의례의 주체들이 여럿인 탓도 있다. 곧 상주, 망혼, 시신의 삼자에 관한 의례가 제각기 치러지기 때문이다. 그러므로 상례의 온전한 이해를 위해서는 이 삼자의 의례를 분별해서 이해할 필요가 있다.

그럼에도 불구하고 상례의 대부분은 주검을 떠난 영혼이 사후의 세계로 들어가는 것과 관련되어 있다. 자연히 이들 의례는 영혼관이나 내세관을 이해하는 데에 도움을 준다. 그리고 망혼과 주검에 따른 의례가 제각기 있다는 것은 영(靈)과 육(肉)을 이원적으로 인식하는 것이므로, 삶과 죽음의 문제와 함께 영육의 문제까지도 이해할 수 있다. 게다가 상주의 의례는 죽은 부모와의 관계 속에서 마련된 것이므로 한국인이 품고 있는 효도의 정신과 조상 숭배에 관한 전통적인 의식을 찾아낼 수 있다. 상례에 관한 논의는 의례 자체의 정확한 이해를 넘어서, 이러한 세계관적 문제들에 관한 인식을 넓고 깊게 해야 한다.

# 삶에서 죽음의 순간까지

　나는 데는 차례가 있지만 죽는 데는 차례가 없다. "죽음에는 노소가 없다"는 옛말이나 "대문 밖이 저승"이라는 옛말이 이러한 사정을 잘 반영하고 있다. 생명의 잉태와 출산은 인위적으로 어느 정도 조절할 수 있고 그 상황을 쉽게 알아차릴 수 있다. 심지어는 사주 팔자를 보아서 출산을 앞당기거나 미루는 일까지 의도적으로 할 정도이다.

　그러나 죽음은 사정이 다르다. 건강하게 보이던 젊은이가 불치의 병이나 예기치 못한 사고로 덜컥 죽기도 한다. 출생은 상당한 기간의 예정된 절차를 거쳐서 이루어지지만 죽음은 뜻밖의 순간에 불쑥 닥치기도 한다. 따라서 주위의 사람은 물론 죽는 당사자조차 인식하지 못하는 사이에 죽음을 맞이하기 일쑤이다.

　생명의 출생은 잉태를 확인하는 순간 예사 사람들도 비교적 정확하게 그 출산 예정일을 잡을 수 있다. 그러나 죽음은 쉽게 그 예정일을 잡을 수 없으므로 전문의조차 임종 날짜를 미리 예견하기란 사실상 불가능하다. 암이나 백혈병 환자와 같이 사망을 확실하게 예견하는 경우에도 그 구체적인 사망일을 미리부터 정확하게 잡기 어렵다. 건강상 이상이 없다고 여기던 사람들이 잠을 자다가 죽기도 하고, 수영이나 기타 일상 생활을 하는 도중에 갑자기 쓰러져 죽기도 한다. 이러한 죽음의 현상들을 예사 사람들로서는 열린 상황으로 받아들일 수밖에 없다.

이처럼 죽음은 늘 가까이 있는 것 그래서 언제 어디서 죽을지 모른다는 식의 개방적인 인식은 동시에 인간의 힘으로는 어쩔 수 없는 것이라 여겨 마침내 운명론에 이르게 된다. "사잣밥 싸가지고 다닌다"는 옛말은 이러한 두 이치를 잘 나타내고 있다. 언제 어디서 죽을지 모르니 늘 죽음을 준비하고 있어야 한다는 뜻과 함께 죽음은 인력으로 어쩔 수 없는 운명적인 것이니 기꺼이 죽음을 받아들이겠다는 뜻도 포함되어 있는 것이다. "죽고 사는 것은 시왕전에 매였다"는 옛말 역시 운명론에 근거한 말이다.

죽음은 순서도 없고 예기치도 않게 찾아오나 자연스런 상황에서는 노환이나 질병으로 인해 찾아오는 것이므로, 어느 정도의 인지가 가능하다. 부모가 자식보다 먼저 죽는 것이 죽음의 자연스런 이치로 알고 있다.

따라서 일반적인 상례의 규범 역시 부모가 죽었을 경우 그 아들이 의례를 수행하는 것을 전제로 이루어져 있다. 결국 죽은 자와 산자, 망혼과 상주는 부모와 자식의 관계 속에서 죽음의 의례에 참여하는 것이다. 죽음의 의례는 죽음을 인지하는 때부터 시작된다. 죽음의 당사자는 부모이지만 죽기 전에는 '환자', 죽은 뒤에는 '망자(亡者)' 또는 '죽은 이'로 객관화하여 일컫는다.

환자의 건강 상태나 병의 종류, 증세, 앓는 정도가 죽음을 예감하게 하는 자료가 된다. 환자의 병이 점점 깊어지고 증세가 악화되어 도저히 회복이 불가능하다고 판단되면 임종할 차비를 하고 안방 아랫목에 모시는 것이다. 「예서」에는 이를 '천거정침(遷居正寢)'이라 하고 남자는 사랑방에, 여자는 안방에 옮겨 임종하도록 하는 것을 일컫는다. 이것은 중국의 예에 기초한 것인데 우리는 남녀 구별하지 않고 안방 아랫목에 모시는 것이 일반적이다. "사람 안 죽은 아랫목 없다"는 옛말은 죽음의 일상성을 뜻하는 동시에 '천거정침' 의례의 모습을 반영해 주기까지 한다.

안방 아랫목으로 환자를 옮겨서 준비된 이부자리에 눕힌 다음 깨끗한 옷으로 갈아 입힌다. 이미 '천거정침' 단계에 이르면 객지에 나가 있는 자식들과 가까운 가족들에게 사정을 알려서 급히 모이게 한다. 자식들은 환자의 손발을 잡고 숨이 넘어가는 것을 지켜보는데 이를 '임종(臨終)' 또는 '종신(終身)'이라 한다.

한편 이러한 임종 의례의 의미가 일반화되어 숨을 거두는 것을 '임종'이라 하기도 한다. 임종 때에는 가족들이 방을 비우지 않고 환자가 유언을 하게 되면 주의깊게 듣고 받아 적었다가 그 뜻을 받들도록 한다. 이때 환자가 죽어 저승길을 갈 때 노자로 쓰라는 뜻에서 돈을 머리맡에 놓아 두는 관행도 있다.

만일 자식이 부모의 임종을 지켜보지 못하면 가장 큰 불효로 알고 평생 죄스럽게 생각한다. 사람을 심하게 나무라며 경멸할 때 "종신도 못할 녀석"이라고 하는데 '불효 막심한 녀석'이라는 말과 다를 것이 없다. 옛사람들은 벼슬길에 올랐다가도 부모가 연만(年晚)하면 벼슬을 그만 두고 귀향하여 부모의 곁을 떠나지 않았는데 이는 임종의 효를 다하기 위해서였다. 그러나 요즘은 대부분의 자녀들이 객지에 나가 사는 경우가 많아서 임종을 보지 못하는 예가 흔해졌다.

임종 때에는 손만 잡고 있어서는 안 된다. 정확하게 임종 여부를 확인할 필요가 있다. 출생의 순간은 산모의 진통과 아기의 울음으로 시작되니 별도로 확인할 필요가 없다. 그러나 임종은 주의깊게 지켜보지 않으면 확인하기 어렵다.

임종이 임박한 듯이 보이면 환자의 머리를 동쪽으로 하여 북쪽 문 옆에 눕히고 말을 삼가고 조용히 한다. 그리고 환자의 코와 입

사이 곧 인중(人中)에 새 솜을 놓아서 그 움직임 여부를 통해 죽음을 확인한다. 솜으로 죽음을 확인하는 일을 '속굉(屬絖)'이라 한다. 속굉으로 죽음이 확인되면 가족들은 흰 옷으로 갈아 입고 몸에 지녔던 비녀와 반지 등을 빼 놓은 뒤에 머리를 풀고 가슴을 치며 통곡을 한다. 임종의 자리에 들어갈 때 이미 소복을 하고 금붙이를 빼 둔 경우는 임종이 확인되면 즉시 통곡을 하기도 한다. 가슴을 치며 통곡하는 일을 '애곡벽용(哀哭擗踊)'이라 하는데, 애통하게 곡을 하고 가슴을 치며 발을 구른다는 뜻이다.

자녀들이 곡을 하는 동안 다른 가족들은 손으로 망자의 얼굴을 내리쓰다듬어서 눈을 감기고 햇솜으로 입과 코, 귀 등을 막아 둔다. 그런 뒤에 홑이불로 죽은 이의 몸을 덮는다.

임종이 확인되고 곡소리가 나면 주검을 대면하지 않은 사람 가운데 한 사람이 죽은 이가 평소에 입던 두루마기나 적삼을 들고 마당에 나가서 마루를 향해 옷을 흔들며 생전의 관직명이나 이름을 부르며 "복(復)"을 세 번 외친다. 이를 '고복(皐復)'이라 하는데「예서」

에는 잠시 곡을 멈추고 지붕에 올라가서 같은 방식으로 "복"을 외친다고 한다. 그러나 관행에는 마당에서 상을 차리고 북향을 하거나 지붕을 향하여 같은 방식으로 고복을 한다.

그런 뒤에는 옷을 망자의 주검. 위에 덮는 것이 일반적이나 영좌(靈座)에 두거나 지붕 위에 던져 두기도 한다. 그러다가 나중에 입관할 때 관 속에 넣기도 한다. 지역에 따라서는 속옷을 사용하는 경우도 있다.

'고복'이란 주검을 떠나는 영혼을 불러다가 망자가 다시 살아나도록 하기 위한 의례이므로, 혼을 부른다는 뜻에서 '초혼(招魂)'이라고도 한다. '속굉'으로 죽음을 확인했지만 죽음을 돌이켜보려는 노력이 '고복'이므로 죽음을 돌이키지 못하는 한 '고복'은 죽음을 기정 사실로 받아들이게 하는 절차인 셈이다.

곡소리는 청각적으로, 지붕 위에 던져 둔 적삼은 시각적으로 이웃 사람들에게 초상이 났다는 것을 알리는 구실을 한다. 자연히 고복 뒤부터는 환자의 죽음을 전제로 한 의례가 진행된다.

# 주검과 영혼 그리고 저승 사자

죽음은 이승에서 상주와 주검을 구체적으로 만들어 내고 저승에서는 영혼과 저승 사자를 관념적으로 그려내게 된다. 현실적으로 죽음은 숨을 거두는 것으로 검증되지만 관념적으로 죽음이란 영혼이 몸을 떠나는 것으로 인식된 것이다.

'속광' 다음에 '고복'이라는 의례를 행하는 까닭은 바로 이러한 죽음에 대한 인식 때문이다. 그러나 영혼이 자의적으로 육신을 떠난다고는 믿지 않는다. 저승 사자가 와서 강제로 데려간다고 여기는 것이다. 자연히 죽음의 세계에서는 저승 사자의 행위가 관심의 대상이 되기 마련이다.

'고복'이 망자를 되살리지 못한다는 것은 곧 저승 사자가 망자의 영혼을 데려간다는 것을 뜻한다. 영혼을 저승으로 잡아가는 모습을 묘사한 상엿소리를 들어보면 염라대왕의 명을 받은 사자들이 죽은 이를 쇠사슬로 묶어서 앞에서 끌고 뒤에서 밀며 쇠몽둥이를 사정없이 휘두르는 것으로 되어 있다. 이때 저승 사자들을 잘 대접하면 죽은 이의 저승길이 편할 수도 있고, 뜻밖에 영혼을 데려가지 않을 수도 있다는 생각에서 저승 사자를 위한 상을 차린다. 이때 차리는

23쪽 그림

사자상(使者床)  초혼에 이어서 밥 세 그릇, 반
찬, 돈, 짚신 세 켤레 등을 상이나 멍석에 차
려 놓고 상주들이 재배한 뒤 곡한다.(「한국
민속대관」Ⅰ)

상을 '사자상'이라 하고, 사자상에 차린 밥을 '사잣밥'이라 한다.

저승 사자는 흔히 셋이라 하여 사자상을 차릴 때에도 밥과 술, 짚신, 돈 등을 모두 셋씩 차린다. 반찬으로는 간장이나 된장만 차린다. 밥과 반찬은 요기로, 짚신은 먼 길에 갈아 신으라고 준비한 것이다. 돈은 망자의 영혼을 부탁하는 일종의 뇌물이다. 간장을 차리는 까닭은 사자들이 간장을 먹으면 물을 켜게 되어 자주 쉬거나 물을 마시러 되돌아올 것을 기대하기 때문이다. 「예서」에는 사자상에 관한 기록이 없으나 관행으로 널리 전승되는 것은 내세관 또는 저승관에 대한 전통적인 관념 때문이다. 곧 육신과 영혼은 사후에 분리된다는 영육 분리의 관념과, 죽음을 통제하고 관장하는 초월적인 존재인 염라대왕이 저승에 있다는 이원적인 세계관을 반영하고 있는 것이다.

고복의 절차가 끝나면 죽은 이의 회생을 기대하기 어렵다. 사자상을 차린다는 것 역시 죽음을 인정하고서 하는 의례인 것이다. 고복의례 이후 사자상을 차릴 때부터 죽은 이의 몸을 주검으로서 다루게된다. 짚 뭉치나 굄목을 백지에 싸서 양쪽에 괴고 그 위에 칠성판(七星板)을 올려 놓고 주검을 그 위에 눕히는데 머리는 윗목이나 남쪽을 향하게 한다.

주검의 머리는 옷을 접어서 괴고 어깨와 손, 정강이, 무릎을 차례로 묶는다. 망자의 주검이 차가워지기 전에 팔다리를 주물러서 경직을 막고 두 팔을 배 위에 올려 놓는다. 망자가 남자일 경우에는 왼손이 위로, 여자일 경우에는 오른손이 위로 가도록 한다. 한지나 베헝겊으로 양손을 묶은 다음 이를 허리에 동여매고 두 엄지발가락역시 묶어 둔다. 발바닥을 벽에 붙이거나 목침을 대어 반듯하게하여 홑이불을 얼굴까지 덮고서 그 앞에 병풍을 치고 향상을 차려둔다. 향상에는 촛불과 포(脯), 술잔, 향로 등을 놓고 분향하여 조객을 받을 수 있도록 한다. 조객들은 상주가 '성복(成服)'하지 않은 상태이므로 절을 하지 않고 분향하고 곡만 한다. 이렇게 주검을 다루는 일을 '수시(收屍)' 또는 '천시(遷屍)'라 한다.

'수시'는 죽은 이의 생환을 포기한 상태에서 죽은 이의 몸을 주검으로서 다루는 첫 절차이다. '수시' 뒤에 이루어지는 의례는 모두 같은 선상에 놓인다. 이때부터 상주는 부모를 죽게 한 죄인이 된다. 자연히 차림과 행위를 죄인처럼 해야 한다. 머리를 풀어헤치고 맨발에 흰 옷을 입는다. 남자 상주는 두루마기를 입되 아버지 상을 당했을 때는 왼쪽 소매를, 어머니 상을 당했을 때는 오른쪽 소매를 꿰지 않고 입는다. 이를 '좌단우단(左袒右袒)'이라 한다. 이런 차림은 죄인이란 의미말고도 부모가 돌아가신 급한 상황이 상주로 하여금 옷을 제대로 갖춰 입을 수 없을 정도로 정신을 잃게 했다는 의미를 지닌다.

따라서 차림새뿐만 아니라 음식도 금하도록 되어 있다. 망자의 아들은 사흘을 굶고 다른 피붙이들은 가까운 정도에 따라 세 끼, 또는 두 끼를 굶도록 되어 있다. '수시' 이후부터 상주가 머리를 풀고 곡을 하는 일을 '발상(發喪)'이라 하는데 '발상'은 곡을 하여 초상을 이웃에 알리는 의례이다. '속굉시'의 곡은 환자가 숨을 거두는 순간이므로 자연스런 울음의 폭발이지만 '발상시'의 곡은 '애고애고' '아이고 아이고' 하며 의도적으로 곡을 그치지 않는 것도 '발상'의 구실 때문이다.

지금까지의 의례 가운데에서 '임종'과 '천거정침'은 삶과 죽음의 갈림길에서 확실히 삶에 속하는 절차라면 '속굉'과 '고복'은 삶과 죽음의 갈림 바로 그 경계선상에 있는 절차로서 삶에서 죽음을 또는 죽음에서 삶을 확인하는 의례이다. 그러나 '사자상'과 '수시'는 환자의 죽음을 전제로 한 것이지만, 그래도 사자상 의례까지는 어느 정도 생환의 기대가 숨어 있기도 하다.

따라서 삶과 죽음의 갈림 앞뒤에 있는 일곱 가지 의례들을 크게 셋으로 나눌 수 있다. 삶 쪽의 의례로서 임종과 천거정침, 갈림의 경계에 속하는 의례로서 속굉과 고복, 죽음 쪽 의례로서 사자상과 수시, 발상이 있다. 그러면서 이들은 제각기 산 자와 죽은 자에 관한 의례 그리고 죽은 자는 다시 주검과 영혼에 관한 의례로 분별되어 있다.

그러므로 처음 의례들은 산 자인 상주 중심의 의례가 행해지나 점차 환자의 의례, 망자의 의례로, 망자는 다시 주검의 의례와 영혼의 의례로 나누어져서 마침내는 상주 의례, 주검 의례, 영혼 의례의 세 의례가 복합적으로 행해지게 되는 것이다. 이들 체계는 다음과 같이 정리된다.

| | [산자] | | [죽은자] | |
| | 상주 | 환자 | 주검 | 영혼 |
|---|---|---|---|---|
| **삶** | 임종 | 천거정침 | — | — |
| **경계** | — | 속굉 | — | 고복 |
| **죽음** | 발상 | — | 수시 | 사자상 |

위의 그림을 보면 다음부터 치러지는 의례들은 자연히 상주, 주검, 영혼을 중심으로 세 갈래로 나뉘어 전개된다는 것을 미루어 짐작할 수 있다.

婦人衰衣後圖

婦人衰衣前圖

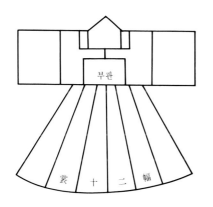

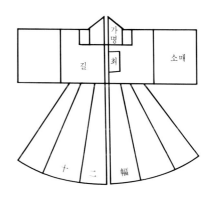

참최(斬衰)

재최(齊衰)

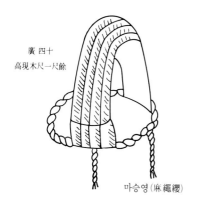

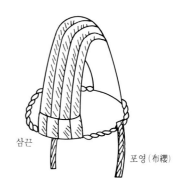

상복의 제도(「한국민속대관」 I )

# 주검을 다루는 산 자의 손길

    상주가 초상을 당하면 자연히 바빠진다. 자신이 지켜야 할 의례와 주검과 혼백에 관한 의례를 함께 수행해야 하기 때문이다. 먼저 초상을 치를 준비부터 해야 한다. 맏아들이 주상(主喪)이 되어서 관(棺)과 수의(壽衣), 상복 등을 준비하는 한편 묘터를 잡고 산역(山役) 준비도 해야 한다. 그리고 며칠 만에 장례를 치를 것인가를 정하고 일가 친척, 고인의 친구들에게 일정한 서식으로 부고(訃告)도 내어야 한다.

    주검을 지키며 곡을 끊이지 않아야 하는 상주의 처지에 이 일들을 두루 처리하기란 어렵다. 그래서 주상 외에 호상(護喪)을 세운다. 요즘식으로 말하면 장례 위원장에 해당된다. 호상은 상주의 가까운 일가 어른 가운데 상례에 밝고 덕망 있는 사람을 뽑는다. 호상은 상주를 도와 상례 일체를 관장하는데 일의 효율적인 진행을 위해 상례(相禮), 찬축(贊祝), 사빈(司賓), 사서(司書), 사화(司貨)를 별도로 뽑아 역할을 분담하도록 한다. 각기 의례의 진행, 찬 및 축문 담당, 손님 접대, 기록 담당, 경비 출납 등을 맡겨서 일을 돕도록 한다.

**호상**  호상은 상주의 가까운 일가 어른 가운데 상례에 밝고 덕망 있는 사람을 뽑는다.

　한편으로 살아 있는 사람들의 역할을 정하는 동안 주검을 다루는
의례도 차례로 진행된다. 맨 처음 하는 일이 주검을 목욕시키고
수의를 입히는 것인데 이를 '습(襲)'이라 한다. '습'을 담당하는 사람
을 시자(侍者)라고 하는데 남자의 습은 남자가, 여자의 습은 여자가
하는 것이 관례이다.
　시자는 먼저 자기 손을 깨끗이 씻고 주검을 씻길 목욕물을 준비하
여 주검을 모셔 둔 병풍 뒤로 간다. 이때 상주들은 밖에서 선 채로
북향하여 기다린다. '습'에 쓰는 목욕물은 향나무를 잘게 쪼개어
삶은 향탕수(香湯水)나 쑥 삶은 물을 쓴다. 쌀뜨물을 쓰기도 한다.
향탕수가 준비되면 주검의 아래위 양쪽에 각각 네 그릇을 준비해
두고, 주검을 씻어 내기 위한 새 솜과 물기를 닦아 내기 위한 수건
서너 벌을 마련하며 주검의 머리카락, 손발톱을 깎아 담기 위한
주머니인 조발낭(爪髮囊) 4개 그리고 칼과 빗 등속도 준비한다.

**호상** 호상은 요즘의 장례 위원 장에 해당되는데 상례의 여러 의례를 주관하게 된다.

　먼저 수시할 때 묶었던 손발의 끈을 풀고 옷을 벗긴다. 향탕수로 머리를 감긴 뒤에 남자는 상투를 틀어 동곳을 꽂고, 여자는 쪽을 지어 버드나무 비녀를 꽂는다. 이어 향탕수를 솜으로 찍어 시신의 얼굴과 윗몸, 아랫몸을 차례로 씻기고 준비해 둔 수건으로 물기를 말끔히 닦아 낸다. 빠진 머리카락과 깎아 낸 손발톱을 조발낭에 각기 담아 두었다가 '대렴' 때 이불 속에 넣거나 관 속에 넣는다. 또 수의의 소매나 버선에 넣어 두기도 한다. 습에 쓴 물과 수건, 빗 등은 미리 파 놓은 구덩이에 넣어 묻는다.

　주검의 목욕이 끝나면 준비해 둔 수의를 입히는데 이를 '습의 (襲衣)'라고 한다. 먼저 버선을 신기고 아래 옷을 입힌 뒤에 상체를 일으켜 웃옷을 입히고 베로 만든 갓 모양의 복건을 머리에 씌운다. 수의를 입히는 요령을 미리 터득하지 못하면 '습의'가 어렵다. 이를 테면 바지를 입힐 때, 두 사람은 주검의 두 다리를 들고 한 사람은 바지의 허리를 맞잡아 좌우의 발을 끼운 다음 점점 하체를 들면서

**호상자들** 호상은 상주를 도와 상례 일체를 관장하는데 일의 효율적인 진행을 위해 상례, 찬축, 사빈, 사서, 사화를 별도로 뽑아 역할을 분담하도록 한다. 이들은 각기 의례의 진행, 찬 및 축문 담당, 손님 접대, 기록 담당, 경비 출납 등을 맡겨서 일을 돕도록 한다.

## 심의 제도

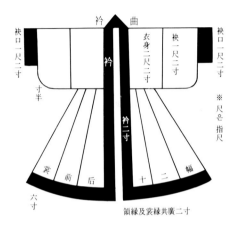

深衣兩襟相掩圖

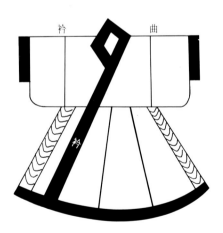

바지를 위로 치켜올려야 한다. 이때 고의와 바지를 따로 입히면 힘들기 때문에 미리 고의를 바지에 끼워 허리를 꿰매 두었다가 나중에 실을 뽑아 낸다. 같은 방식으로 두루마기를 심의(深衣)에, 적삼은 저고리에 끼워 둔다. 허리띠를 맬 때에는 띠의 한쪽 끝은 자 끝에 들씌워서 시신의 허리 밑으로 밀어 넣어 매도록 한다. 주검의 위로는 일체의 물건을 넘겨 주고받아서는 안 되기 때문이다. 따라서 시자는 습의의 경험이 많은 사람이 적절하다. 32쪽 그림

수의는 바지 저고리와 두루마기를 비롯하여 20가지나 된다. 따라서 초상이 나서 이를 지으려면 시간이 촉박하므로, 노인이 계신 집에는 미리 지어 둔다. 수의는 명주나 삼베로 짓는데, 윤달에 수의를 지으면 탈이 없다고 하여 이때 수의들을 많이 준비한다.

수의를 다 입혀서 습의가 끝날 무렵에 '반함(飯含)' 의례를 하게 된다. 반함은 물에 불린 쌀을 버드나무 숟가락으로 세 번 떠서 주검의 입에 넣는 절차이다. 망자가 저승까지 갈 동안에 먹을 식량인 셈이다. 반함을 할 때 첫 술은 "백석이요" 하면서 입 안 오른쪽에, 둘째 술은 "천석이요" 하면서 입 안 왼쪽에, 마지막 셋째 술은 "만석이요" 하면서 가운데에 떠 넣는다. 이어서 구멍이 나지 않은 구슬이나 동전 3개를 주검의 앞가슴에 넣어 주기도 한다.

반함을 마치면 '멱모'로 얼굴을 덮어싸고 '대대'니 '조대'니 하는 허리띠를 맨다. 다음에 '악수(握手)'로 손을 싸고 신을 신긴 뒤에 홑이불로 덮어 두면 습의와 반함이 모두 끝난 셈이다. 이를 통틀어 '습'이라고 한다.

'습'에 이어서 '염(殮)'을 한다. '염'에는 '소렴(小殮)'과 '대렴(大殮)'이 있다. 소렴은 습의에 이어 다른 의복들(正衣, 倒衣, 散衣 등)을 입히고 소렴포로 주검을 매는 것이나 의복들을 새로 입히지 않고 소렴포로 싸기도 한다. 소렴포를 이용하여 주검을 가로 세로로 감싸서 묶는데, 가로로 묶을 때는 먼저 발끝에서 위로 세 매듭을 차례로

묶고, 다시 머리 쪽부터 차례로 내려오며 세 매듭을 묶은 다음, 가운데는 제일 나중에 묶어서 일곱 매듭을 짓는다. 이렇게 소렴이 끝나면 한지로 고깔을 만들어 묶은 매듭마다 끼워 두기도 한다. 고깔은 망자가 저승의 열두 대문을 지날 때 문지기에게 씌워 주게 하기 위한 것이다.

대렴은 입관을 위해 주검을 베로 감아서 매듭을 짓는 것으로 소렴을 행한 이튿날 곧 죽은 지 사흘째 되는 날에 하는 것이나 요즘은 3일장을 주로 하므로 소렴에 이어 곧장 대렴을 하는 것이 관행으로 되어 있다. 먼저 주검을 칠성판에 올려 놓고 일곱 자 일곱 치로 된 칠성칠포(七星七布)를 두 가닥으로 나누어 끝에 한 자 정도는 붙여 두고 발부터 싸매되 두 가닥을 서로 어긋나게 싸 올라간다. 끝은 묶지 않고 실로 꿰맨다. 요즘은 이런 절차들을 줄여서 습과 함께 염을 하므로 소, 대렴을 구분하지 않고 복잡한 절차들을 다 거치지 않는 경향이 두드러졌다. 그리고 장의사들이 이들 일을 맡아서 해주므로 유족들은 자세한 절차나 방법을 모르고 지나치기도 한다.

염이 끝나면 주검을 다루는 손길이 거의 끝난 셈이다. 이제 주검을 관에 넣는 '입관(入棺)' 절차만 남았다. 입관 방식은 매장 양식에 따라 다르다. 입관 상태로 묻지 않고 주검을 관에서 꺼내어 매장하는 경우에는 관에서 주검을 들어낼 수 있는 넉넉한 길이의 베를 관의 아래위에 각각 가로질러 깔고 입관을 한다. 그래야 매장할 때 베의 자락을 잡고 시신을 들어내어 광중(壙中)에 쉽게 안치할 수 있다. 입관을 할 때에는 관 위에 팽팽하게 걸쳐 놓은 홑이불 위에 주검을 놓고서 서서히 이를 늦추어, 주검이 관 바닥에 안치되도록 한다. 그리고는 주검과 관 벽 사이의 빈 곳을 망자가 입던 옷이나 짚, 종이 등으로 채운다. 주검을 묘지로 옮겨갈 때 움직이거나 한켠으로 쏠리지 않게 하기 위해서이다. 이어서 홑이불을 다시 위에 덮고 관 뚜껑을 덮은 다음 나무못을 친다.

입관의 절차는 산 자와 죽은 자가 처음으로 격리되는 순간이므로 가족들은 곡을 한다. 더 이상 죽은 이의 모습을 볼 수 없다. 특히 관 뚜껑을 닫고 못을 칠 때 곡성이 커진다. 입관이 끝나면 관 위에 머리쪽과 발쪽을 표시를 해두고 명정(銘旌)을 덮어 둔다. 그리고 종이와 짚을 섞어 왼쪽으로 꼰 줄로 관을 묶어서 운구할 때 쉽게 손잡이로 쓸 수 있도록 한다.

주검을 다루는 손길은 입관에서 마무리가 된다. 이때부터 산 사람과 주검의 관계도 달라지고 주검과 영혼의 관계도 공식적으로 분리되어 다루어진다. 상주는 입관 전까지 무시로 곡을 하며 주검을 지켰으나, 입관 뒤부터는 아침 저녁으로만 곡을 하게 된다. 무시곡(無時哭)에서 조석곡(朝夕哭)으로 곡이 바뀌는 것이다. 그리고 영혼을 모시는 혼백(魂帛) 상자도 이때에 비로소 마련된다. 이제 상주들이 상복을 갖추어 입기만 하면 성복제(成服祭) 올릴 준비가 끝나는 것이다.

# 상주가 감당해야 할 의례들

　주검에 관한 손질이 끝나고 입관 절차까지 마치면 영혼을 별도로 모셔야 한다. 교의(交椅)에 영혼을 상징하는 혼백이나 사진을 모시고 그 앞에 제상을 차려 두고 영좌(靈座)를 설치한다. 이들 관행을 '혼백' 또는 '영좌'라고 한다.

　먼저 교의를 차려 놓고 거기에 '고복' 때 사용한 망자의 웃옷을 한지에 싸 놓은 뒤에 혼백 상자를 그 위에 올려 놓는다. 근래에는 사진만 세워 두기도 한다. 혼백은 영혼이 주검에서 떠나 머무는 곳을 상징한 물체로서 한지를 전후 좌우로 몇 차례 접어서 만들거나 삼색 실을 우물 정(井)자 모양으로 엮어 만든다. 혼백을 흰 상자에 넣어 모시는데, 이를 혼백 상자라 한다. 영좌는 교의 앞에 차려 둔 제상을 일컫는데, 제상 양쪽에는 촛대를 하나씩 세우고 서쪽에는 향로, 동쪽에는 향합을 놓는다. 영좌 위에 망자가 평소 사용하던 물건을 얹어 두기도 한다.

**영좌** 고(故) 추연 권용연 선생의 영좌.

**상주** 상주를 포함한 산 자들이 망자와의 가족 관계에 따라 상복을 입게 되는데 이를 '성복'이라 한다.(위, 아래)

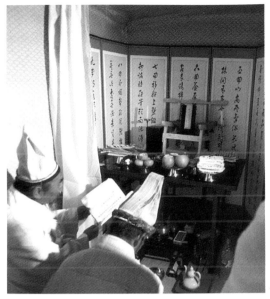

성복제 축문을 읽는 장면이다.

상주는 성복제가 끝나면 정식으로
상주 구실을 하게 된다.

**문상 받기**  성복제가 끝나면 정식으로 문상을 받기 시작한다. 문상하는 사람은 성복 전인 경우에는 항상 앞에서 분향하고 곡을 한 뒤에 상주에게만 절을 하지만 성복을 마쳤으면 영좌를 향해서도 두 번 절한다.

37쪽 사진     영좌의 오른쪽에는 붉은 비단에 세로로 길게 고인의 관직과 성명을 쓴 명정을 세운다. 영혼을 모시는 절차까지 끝난 셈이다.

　　주검과 영혼을 모시는 절차가 끝나면 상주는 부모의 죽음을 기정사실화하게 된다. 이때부터 본격적인 상주 구실을 해야 하므로 좌단 38쪽 사진 우단의 소복도 벗고 정식으로 상복을 갖추어 입는다. 상주를 포함한 산 자들이 망자와의 가족 관계에 따라 상복을 입게 되는데 이를 39쪽 사진 '성복'이라 한다. 성복을 하고 나서 처음 올리는 제사를 '성복제'라 하는데, 성복제가 끝나면 정식으로 문상을 받기 시작한다. 이 가운데 성복 절차는 특히 복잡하고 까다롭다. 망자와의 혈연 관계에 따라 누가 어떠한 상복을 얼마 동안 입는가 하는 것이 자세하게 정해져 있는데 그 내용이 여간 복잡하지 않아서, 한때는 당쟁 거리가 될 정도로 상례의 중요 문제로 인식되기도 했으나, 지금은 생활 감정과 맞지 않다고 하여 철저하게 지켜지지 않고 있다.

상복에는 다섯 가지 종류가 있는데 참최(斬衰), 재최(齊衰), 대공 27쪽 그림(大功), 소공(小功), 시마(緦麻)가 그것이다. 같은 복이라도 부모, 부부, 장자 등의 가족 관계에 따라 정복, 가복, 의복 등으로 구분된다. 이를테면 참최 3년을 입는 복이라도 아들이나 미혼의 딸이 아버지의 상을 당했을 때는 '정복'을 입지만, 며느리가 시아버지의 상을 당했거나 양자가 아버지 상을 당했을 때 또는 아내가 남편 상을 당했을 경우 등에는 '의복'을 입는다.

오복 가운데에서도 참최가 가장 중한 복으로서, 머리부터 발끝까지 가장 거친 삼베로 남루하게 지어 입는다. 참최 남자 상복의 경우 이른바 굴건 제복을 하는데 머리에 거친 삼베로 주름을 지어 만든 건(巾)을 쓰고 삼끈을 달아 묶으며, 깃이 없고 소매가 넓은 웃옷을 입고 삼으로 만든 허리띠를 두르며 짚신을 신고 지팡이를 짚는다.

옷을 지을 때에도 바느질을 성글고 거칠게 하여 실밥이 드러나게 할 뿐 아니라, 삼베 조각들을 앞뒤에 달아서 걸인들의 옷처럼 의도적으로 남루하게 한다. 부모를 죽게 한 죄인이 좋은 옷을 입을 수 없다는 죄의식이 상복을 통해서 상징적으로 드러나는 것이다.

상주가 짚는 지팡이 역시 별도의 상징성을 지니고 있다. 아버지를 잃은 경우에는 대나무 지팡이를, 어머니를 잃은 경우에는 오동나무 지팡이를 짚는데, 이는 상주와 죽은 이의 관계를 쉽게 알리는 구실을 한다. 조문객들도 누구의 상인가를 분명하게 알아야 의례에 맞는 조문을 할 수 있다. 지팡이의 재료는 이러한 사정을 알려 주는 중요한 상징물이다.

대나무는 마디가 있고 색깔이 짙으나 오동나무나 버드나무는 흰색이고 마디가 없기 때문에 얼른 보기에도 부친상인지 모친상인지 구별하기 쉽다. 아버지는 자식을 기르느라 속이 비어 버렸기

**지팡이와 굴레** 상주가 짚는 지팡이는 아버지를 잃은 경우에는 대나무 지팡이를, 어머니를 잃은 경우에는 오동나무 지팡이를 짚는데 이는 상주와 죽은 이의 관계를 쉽게 알리는 구실을 한다.

45쪽 사진 때문에 대나무를, 어머니는 자식들이 애를 태워 속이 찼기 때문에 오동나무를 지팡이로 쓴다고 한다. 대나무는 뿌리 부분인 죽본(竹本)이 밑으로 가도록 짚으며 오동나무나 버드나무는 위를 둥글게, 아래를 네모나게 깎아서 상원하방(上圓下方)의 모양을 이루도록 한다. 죽본은 땅을, 죽순은 하늘을 상징하듯이 오동나무 역시 상원은 하늘을, 하방은 땅을 상징한다. 이러한 상징에 맞도록 지팡이를 짚어야 망자의 영혼이 이승인 땅의 세계에서 저승인 하늘의 세계로 온전하게 여행을 할 수 있다고 믿는 것이다.

상복을 흔히 소복이라고도 하는데 이 소복이 흔히 흰옷으로 간주되기도 한다. 그래서 소복 하면 곧 흰옷으로 통할 정도이다. 그러나 실제 상복에는 주로 삼베가 쓰인다. 삼베의 색깔은 황색 계통이다. 따라서 상복은 소복, 소복은 흰옷 곧 상복은 흰옷이라고 단적으로 받아들이는 것은 잘못된 것이다.

소복은 상복의 색깔 및 꾸밈 상태를 두고 일컫는 말이다. 곧 옷감에 물감을 별도로 들이지 않은 소색(素色)의 옷 또는 장식이나 무늬를 넣어서 모양을 내지 않은 상태의 소박한 옷을 뜻한다. 상복은 옷감에 별도로 색을 내지 않은 자연 그대로의 색을 취한다. 자연히 거친 삼베를 상복의 감으로 쓰는 경우 상복은 으레 어두운 황색의 옷이 되기 마련이다. 무명을 감으로 하여 만든 상복의 경우에만 흰옷이 상복이 되는 것이다.

상복을 갖추어 입게 되면 성복제를 올린다. 영좌 앞의 제상에는 포와 과일을 차려 두고 맏상주가 분향하고 술잔을 올린 다음 두 번 절한다. 이어서 아주 가까운 친척들이 모두 엎드려 곡을 하고 역시 두 번 절한다. 성복제가 끝나면 비로소 문상객을 받는다. 정식으로 문상객을 받는 날은 성복이 끝난 다음날이자 상여가 나가기 전날에 해당된다. 이 날을 특히 '장사 드는 날'이라고 한다.

44쪽 사진

문상하는 사람은 성복 전인 경우에는 향상 앞에서 분향하고 곡을 한 뒤에 상주에게만 절을 하지만 성복을 마쳤으면 영좌를 향해서도 두 번 절한다. 상주와 절을 할 때에는 애도의 뜻을 전하는 말을 간단히 나눈다. 근래에는 상주가 빈소에서 나와 찾아오는 문상객과 악수하는 경우를 더러 보게 되는데, 이는 예에 맞지 않다고들 한다. 악수는 반가움을 나타내는 인사이므로 부모를 잃고 상중에 있는 상주가 악수로 문상객을 맞이하는 태도는 적절하지 않기 때문이다. 조의를 표하기 위해 온 문상객의 처지에서 보아도 악수는 하지 않는 것이 바람직하다.

**영좌를 향해 절하는 문상객** 정식으로 문상객을 받는 날은 성복이 끝난 다음날이자 상여가 나가기 전날에 해당된다. 이 날을 특히 '장사 드는 날'이라고 일컫기도 한다.

**대나무 지팡이를 짚은 상주** 대나무는 마디가 있고 색깔이 짙다. 아버지는 자식을 기르
느라 속이 비어 버렸기 때문에 대나무로 지팡이를 하는 것이다. 대나무는 뿌리 부분
인 죽본을 밑으로 가도록 짚는데 이러한 상징에 맞도록 짚어야 망자의 영혼이 저승인
하늘의 세계로 온전하게 여행을 할 수 있다고 믿는다.

# 출상 전야의 빈 상여 놀이

조객들의 문상을 받는 날 오후에는 다음날 있을 장례 준비도 미리 해두어야 한다. 장례를 준비하는 인원의 일부는 묘터를 잡아 둔 곳에 가서 묘자리 주변의 나무를 베고 다음날 산역(山役)하기 쉽도록 땅 고르는 작업까지 어느 정도 하는 것이 좋다. 한편 집안에서는 운구를 위한 상여 준비를 한다. 곳집에서 상여를 꺼내 와서 부품들을 맞추어 보고 손볼 곳을 찾아 정비를 해둔다. 묘터에서 하는 산역은 상가의 일가 어른들이 맡아서 하지만 상여를 정비하는 일은 상두계(향도계)원들이 담당한다.

47쪽 사진

상두계는 마을과 상여의 규모에 따라 20, 30가구 안팎으로 이루어지는데, 상여의 운반 및 무덤 터 다지기, 묘쓰기 등 장례에 관계되는 일을 두레 형식으로 하는 공동 조직이다. 장례일에는 이들 계원들이 상여꾼, 영여꾼, 잡역꾼 등으로 적절히 작업을 분담하므로 상가에서는 음식만 제공하면 된다.

따라서 운구와 산역에 따른 많은 인력이 필요하지만, 상두계에 참여하고 있는 사람들은 계원들이 모든 일을 맡아서 해주므로 별도로 품을 살 필요가 없다. 예사 마을에는 이러한 상두계가 하나 정도

상여를 정비하는 일은 상두계원들이 담당한다.(위, 아래)

조직되어 있으나 큰 마을에는 둘 이상의 상두계가 조직되어 있는 경우도 있다. 상두계는 상여를 운반하고 무덤 터를 다지는 일을 한다는 점에서 노동 집단이지만, 장례 의식을 수행하고 집행하는 일을 한다는 점에서는 의례 집단이며, 장례 의식 전후 및 진행 과정에 놀이를 즐긴다는 점에서 놀이 집단이기도 하다.

49쪽 사진 상여가 나가는 전날에는 상두꾼들이 노동 집단으로서의 예비 모임을 가지는 동시에 놀이 집단으로서 빈 상여를 메고 놀이판을 벌인다. 이를 '빈 상여 놀이'라고 하는데 지방마다 달리 일컬어서 경북 지역에서는 '대돋움'이라 하는가 하면, 전남 지역에서는 '다시 래기'라고 하고 충북 지역에서는 '대드름' '댓도리'라고도 한다. 상여 놀이 또는 빈 상여 메기 놀이라고 하는 곳도 있으며 이들 놀이하는 모습을 일러 '대어린다' '상여 흐른다'고도 한다. 저녁 때가 되면 일을 마친 상두꾼들이 상가에 모여 우선 상여를 점검하고 자기 위치를 정해서 표를 해둔다. 이때 서로 좋은 위치를 맡아서 상여를 비교적 편하게 메고자 실랑이를 벌이기도 한다. 노동 집단으로서 내일 있을 운구를 위한 준비를 미리 해두는 것이며 상두꾼들의 동원력을 점검하여 내일의 운구에 차질을 빚지 않도록 준비하는 것이다.

상여 점검이 끝나고 상두꾼들이 다 모이게 되면 상가에서 마련해준 술과 음식을 나누어 먹는다. 이때부터 상두꾼들은 놀이 집단으로 변신한다. 상두꾼들이 발을 맞추어 보고 앞소리꾼과 상엿소리 호흡도 맞추어 본다는 구실 아래 빈 상여를 메고 놀이를 시작하기 때문이다. 다음날 있을 상여의 운반을 순조롭게 하기 위한 일종의 예행연습을 하는 셈인데, 상두꾼들이나 마을 사람들의 처지에서 보면 실제로는 흥겨운 놀이판을 벌이는 것이다.

50쪽 사진 최근까지 강한 전승력을 보이는 빈 상여 놀이는 진도 지방의 '다시래기'에서 찾아볼 수 있다. 다시래기를 중심으로 빈 상여 놀이를 살펴보면, 이 놀이가 단순히 상두꾼들만의 놀이가 아니라 마을

**상여 놀이**　저녁이 되면 직접 빈 상여를 메고 놀 상두꾼들 외에 '다시래기'를 구경 거리로 즐기고자 모여든 마을 사람들로 상가는 흥청거린다. 앞소리꾼이 상엿소리를 메기고 상두꾼들이 뒷소리를 받으며 갖은 놀이를 한다. 진도의 다시래기.

**다시래기** 최근까지 강한 전승력을 보이는 빈 상여 놀이는 진도 지방의 다시래기에서 찾아볼 수 있다. 이 놀이는 단순히 상두꾼들만의 놀이가 아니라 마을 전체의 공동체 놀이이다.

전체의 공동체 놀이라는 것을 알 수 있다.

저녁이 되면 가례(家禮)에 따른 문상과 의식들은 밀려나고, 직접 빈 상여를 메고 놀 상두꾼들 외에 '다시래기'를 구경 거리로 즐기고자 모여든 마을 사람들로 상가는 흥청거리기 시작한다.

그러면 무당이 관의 머리를 문 쪽으로 가도록 문 앞에 놓고서 관머리 씻기는 굿판을 벌인다. 아기를 낳는 장면을 연극적인 놀이로 나타냄으로써 태어남과 죽음의 문제를 대조적으로 다루는 가운데 죽음을 통해서 남의 중요성을 재인식하게 하는 한편 남이 곧 죽음이고 죽음이 곧 남이라는 변증법적 윤회설을 형상화해 주기까지 한다. 특히 굿놀이와 더불어 연행되는 무가와 춤으로 한판굿의 신명을 돋움으로써, 죽음의 슬픔과 절망을 극복하고 삶의 의지를 북돋아 준다.

지역에 따라서는 관을 묶는 줄 엮기 작업을 놀이화하여 즐기는 곳도 있다. 초도(草島)에서는 이 줄을 봉폐줄이라고 하는데, 상두꾼들이 짚을 이용해서 봉폐줄을 꼬며 북 장단에 맞추어 노래를 부르고 춤을 춘다. 새끼 끝 부분을 추녀 끝에 매달고 짚 세 가닥을 나누어 쥐고서 앞소리꾼이 "어기에 봉폐, 이 봉폐가 천년을 갈까 만년을 갈까" 하면, 뒷소리꾼이 "에어야 봉폐 이기야 봉폐" 하고 소리를 받으며 노래에 맞추어 봉폐줄을 엮어 나간다.

관머리 씻김굿과 봉폐줄 꼬기와 더불어 본격적인 빈 상여 놀이가 이루어진다. 이때는 마을의 노인들도 다 모인다. 특히 망자의 친구들은 어김없이 모셔오도록 하여 술과 안주를 대접하고 상여 놀이를 즐기도록 한다. 상두꾼들은 빈 상여를 메고 실제 상여가 나가듯 운구 시늉을 그대로 한다. 이때 죽은 이의 사위를 몰래 상여 위에 올라서게 하여 놀리기도 한다. 죽은 장인을 제쳐두고 젊은 사위를 상여에 먼저 태워서 노소 또는 상하 관계를 뒤집어 엎음으로써 희극적 불일치를 일으키려는 의도로 보아야겠다.

이때부터 앞소리꾼이 상엿소리를 메기고 상두꾼들이 뒷소리를 받으며 갖은 놀이를 하게 된다. 다만 관이 상여에 실리지 않았을 뿐 운구 때의 시늉을 여실하게 해 보인다. 마을 사람들은 상여 주위에 모여들어 춤을 추고 상엿소리를 함께 따라 부르며 흥겨운 놀이판을 벌인다. 마을을 돌고 상가에 돌아오면 여흥 놀이가 벌어진다. 상두꾼 가운데 상주와 친한 사람에게 볏짚을 씌워 말로 꾸미고, 상주를 그 위에 태우게 하고서는 평소에 안 하던 우스개 몸짓이나 재담들을 해대며 밤새도록 즐기는 것이다. 문상을 하면서 곡을 하는 체 하다가 욕설이나 농담을 하고, 병신춤을 추며 상스러운 내용의 노래를 부르기도 하여 상주를 당황하게 하거나 웃기기도 한다.

# 다시래기의 웃음과 민중의 슬기

진도의 다시래기는 구체적인 놀이 거리가 구분되어 있으며 상당히 짜임새가 있다. 처음의 '거짓 상주 놀이'는 상두꾼들(다시래기 패)이 상여를 상가에 내려 두고 빈소에 들어와 죽은 이의 영전에 절을 하는 데서 시작된다. 상두꾼들이 상주와 인사를 하고 둘러앉으면 꾼들 가운데 가짜 상주가 쪽박이나 짚신으로 모자를 만들어 쓰고 그 위에 굴건을 한 채 치마를 장삼처럼 한쪽 어깨에 빗겨 걸쳐 멘 다음, 절굿공이로 지팡이를 삼아 상두꾼 틈에 끼여 농담을 한다. 제상에 차려 놓은 음식들을 함부로 집어 먹으면서 "이 집이 경사났으니 한 판 놀고 가자" "방안에서 밥만 축내고 있던 당신 아버지가 죽었으니 얼마나 얼씨구 절씨구 할 일이요"라고 상주를 희롱하며 우스갯짓을 계속하면, 좌중에서 이를 보다 못해 "저런 버릇없는 놈 보게!" 하고 고함을 치기도 한다.

53쪽 사진 다음은 '거사(居士) 사당 놀이'를 한다. 가짜 상주가 장님인 거사와, 거사의 마누라인 사당 그리고 중을 소개한다. 거사와 사당, 중 사이에 벌어지는 남녀 관계를 풍자적으로 엮은 것으로서, 사당은 봉사 남편인 거사를 속이고 중과 관계를 맺어서 마침내 아기까지

거사 사당 놀이 이 놀이는
거사와 사당, 중 사이에
벌어지는 남녀 관계를
풍자적으로 엮은 것이
다.

54, 55쪽 사진

밴다. 사당이 아기를 낳으면 거사와 중은 서로 자기 아기라고 옥신
각신 다툼을 한다. 이런 과정에서 벌어지는 몸짓들이나 주고받는
사설들이 원색적이어서 여자들은 구경꾼으로 참여하기 거북할 정도
이며, 상주들이 아무리 슬픈 감정에 휩싸여 있어도 웃음을 터뜨릴
수밖에 없다.

57쪽 사진

　이어서 상여 놀이를 벌인다. 상두꾼들이 상여를 메고 오면 가짜
상주가 상여를 타고 춤을 추며 풍물에 맞추어 상엿소리를 메긴다.
상여 놀이 다음에는 여흥 놀이로 들어간다. 상두꾼들의 개인적인
장기를 보이는 놀이판이다. 판소리를 비롯하여 남도 잡가, 진도 민요
등을 부르는가 하면 북춤과 보릿대춤, 병신춤 등을 추어 상가의
침울한 분위기를 한 판의 흥겨운 놀이판으로 바꾸어 버린다. 이렇게
펼쳐지는 일련의 놀이판과 거기서 벌어지는 몸짓이나 재담, 노래
등은 일상적인 도덕률에 구애를 받지 않을 만큼 적나라하다.

거사 사당 놀이의 가짜 상주

그래서 한때 유림에서는 이 놀이의 부당성을 지적하는 조직적인 움직임을 보이기까지 했다. 곧 부모의 죽음을 애도하고 추모해야 할 상례에 먹고 마시고 춤추며 노래하는 난장판을 펼치는 것은 예에 어긋난다는 것이다. 유교적인 도덕률에 입각해 보면, 그러한 비판도 가능하다. 그러나 이러한 전통은 유교 문화가 생성되기 전부터 있었던 원초적인 것일 뿐 아니라, 죽음을 극복하고 삶에 적응하는 인간 본연의 지혜에 토대를 둔 것이므로, 중세에 형성된 도덕률로 가늠하는 것은 무리일 수 있다.

　　유교적 가치관에 따라 식음을 절제하고 삼 년 동안 시묘살이를 하며 망자와 더불어 죽음의 생활을 하는 것보다 오히려 사별의 슬픔과 고통을 웃음과 신명으로 바꾸어 놓는 이들 놀이를 산 사람들이 더 건강하게 살아갈 수 있도록 하는 현실적이고도 합리적인 슬기로 보아야겠다.

　　상례는 어떤 의례보다도 더 엄숙하고 정중하며 경건하다고 여기는 것이 예사 사람들의 생각이다. 뿐만 아니라 보다 긴장되고 침울한 분위기에서 이루어지는 것이 상례의 성격에 적절하다고 여긴다. 더러는 상주나 유족들이 내는 곡소리의 높낮이를 통해서 상례를 평가하거나 효성의 정도를 가늠하려 드는 이도 있다.

　　이러한 생각들도 분명 타당성을 가진다. 왜냐하면 상례는 혼례나 갑례와는 그 의례적 성격이 분명히 다르기 때문이다. 혼례와 갑례는 길사(吉事)라면 상례는 흉사(凶事)이다. 그러나 흉사라 하여 침울한 분위기 속에 몰입되어 거기서 사뭇 빠져나오지 못해서는 곤란하다. 경건한 의식에 맞서는 웃음의 난장판이 필요한 것도 이 때문이다. 흉사임을 몰라서가 아니라 흉사임을 알기 때문에 다시래기와 같은 놀이가 더욱 필요한 것이다. "상주를 웃겨야 문상을 잘 한다"는 옛말도 같은 맥락에서 형성된 것이다. 울음을 웃음으로, 침울함을 명랑함으로, 엄숙함을 익살스러움으로, 어둠을 밝음으로, 죽음을

**거사 사당 놀이**  몸짓들이나 주고받는 사설들이 원색적이어서 상주들이 아무리 슬픈
감정에 휩싸여 있어도 웃음을 터뜨릴 수밖에 없다.(위)

**상여 놀이**  상두꾼들이 상여를 메고 오면 가짜 상주가 상여를 타고 춤을 추며 풍물에
맞추어 상엿소리를 메긴다.(아래)

삶으로 전환시키는 구실을 하는 것이 바로 다시래기인 것이다.

현실적인 삶을 위한 단순한 전환의 논리로서만 다시래기를 이해해서는 안 된다. 슬픔의 상례를 즐거움의 놀이판으로 바꿈으로써 죽음의 상황을 잊어버리고 삶의 문제에 관심을 돌리게 하는 현실적 기능에 한정되어 있는 것이 아니라, 삶과 죽음에 대한 세계관적 인식에 근거하고 있기도 하다. 곧 유교적 합리주의 세계관에 입각해서 보면 죽음은 생명의 끝이자 인생의 종말이다. 그러나 무교적 세계관에 입각해 보면 이승의 죽음은 곧 저승에서의 환생이다. '다시래기'는 다시나기라는 말에서 유래되었다는 사실도 이러한 세계관을 반영한 것이다.

이승에서의 죽음은 슬픔일 수 있지만 저승에서의 환생은 영원한 생명을 얻는 것이므로 기뻐해야 할 일이다. 그러므로 장례는 슬픔으로만 일관할 것이 아니라 새로운 생명으로 태어나는 데 따른 축복의 의식도 필요하다. 곧 환생 또는 재생이란 의미를 갖는 다시래기를 통해서 온 마을 사람들이 상가에 모여 노래, 춤, 재담으로 죽은 이의 저승길을 축복해 주는 것이 다시래기 또는 빈 상여 놀이의 또 다른 기능이라 하겠다.

다른 지방에서도 호상(好喪)을 당한 경우나 가세가 넉넉한 집에서는 빈 상여 놀이를 한다. 복을 입은 사람이나 마을에서 가장 나이 많은 사람을 상여에 태우고 상엿소리를 하면서 마을을 돈다. 죽은 이의 친구나 일가 친척을 찾아가서 작별 인사를 하고 금품을 받아내기도 한다. 상가에서는 내일의 운구를 잘 부탁하는 뜻에서 술과 안주를 푸짐하게 장만해서 크게 대접한다. 진도 지방의 다시래기로 보아서 원초적으로는 이러한 출상 전야의 빈 상여 놀이들이 두루 행해졌을 것이나 유교 문화의 전래로 인해 점차 약화되어 지금에 이른 것으로 여겨진다.

# 장례 행렬과 장례 풍속의 변모

장례일이 닥치면 새벽부터 부산하다. 산역꾼들은 묘터 닦을 일을 의논하고 연장을 챙겨 일찍 산으로 출발하는가 하면, 상두꾼들은 상여 멜 준비를 하고 상가에 모여들어 전날 준비해 둔 상여를 다시 점검하고 상여틀을 다시 한번 단단하게 조인다. 상가에서는 '발인(發靷)' 준비를 하랴 상두꾼 아침 식사를 접대하랴 어느 때보다 일손이 바빠진다.

'발인'은 영결식(永訣式)이라고도 하며 주검이 집에서 나갈 때 지내는 마지막 제사를 일컫는다. 지역과 가문에 따라서 발인제와 영결제를 별도로 지내는 경우도 있다. 먼저 방에 있는 관을 들어내는 일을 하는데, 이때 망자의 부인이 있는 경우 칼을 들고 일을 지시하기도 한다.

상주들은 관을 들고 방의 네 구석을 향해 관을 세 번씩 올렸다 내렸다 하며 인사를 한 뒤에 문을 나선다. 도끼나 톱으로 문지방을 살짝 찍거나 자른 뒤에 관을 들고 문지방을 넘으며, 문 밖의 댓돌 앞에 바가지를 엎어 두면 관의 앞부분으로 이것을 눌러서 깨뜨린다. 문지방을 자르거나 바가지를 깨는 것은 죽은 이가 다시는 문지

방을 넘어 집 안으로 되돌아오지 않는다는 일종의 '양밥'이다. 양밥은 민속 신앙이나 속신에 근거를 두고 하는 주술적, 종교적 처방을 일컫는 말이다.

관을 내어 오면 상여 위에 안치를 한다. 상여 앞에 제상을 차려두고 마지막 제사를 올린다. 상주들이 단잔을 올리고 한 번만 절을 한다. 죽은 이가 집을 떠나는 마지막 제사라는 뜻에서 '발인제'라한다. 영결식을 별도로 올리는 경우는 상두꾼이 상여를 메고 집을 나가기 직전에 상주를 비롯한 문상객 모두가 곡을 하며 상여에 실린 주검을 향해 절하는 의식을 행한다.

62, 63쪽 사진

**발인**  영결식이라고도 하며 주검이 집에서 나갈 때 지내는 마지막 제사를 일컫는다. 관을 내어 오면 상여 위에 안치하고 상여 앞에 제상을 차려 두고 마지막 제사를 올린다. 왼쪽은 발인 준비 장면이고 위는 제상 차림이다.

발인제　상주들은 단잔을 올리고 한 번만 절을 한다. 영결식을 별도로 올리는 경우는 상두꾼이 상여를 메고 집을 나가기 직전에 상주를 비롯한 문상객 모두가 곡을 하며 상여에 실린 주검을 향해 절한다. 왼쪽은 안동에서의 발인 장면이고 오른쪽 위, 아래는 거제도에서의 발인 장면이다.

65쪽 사진 영결식마저 끝이 나면 상여가 집을 나선다. 상두꾼이 상여 앞쪽을 집으로 향하게 한 뒤 상여를 세 차례 올렸다 내렸다 하여 가족들에게 마지막 인사를 하고 상여 머리를 돌려 대문을 나선다. 맨 앞쪽에 죽은 이의 이름을 쓴 명정을 든 이가 서고, 다음에 죽은 이의 영혼을 태운 영여(靈輿)를 멘 이가 따른다. 영여 다음에는 죽은 이의 업적을 기리는 공포(功布)와 만장(輓章)을 든 이가 서고 그 뒤에 운(雲)자와 아(亞)자를 쓴 정방형의 종이패를 각각 장대에 꽂아든 이가 따르 66쪽 사진 며 이어서 상여가 선다. 상여 뒤로 상주와 복을 입은 사람들 그리고 일반 문상객들이 따른다. 여자 상주들은 동구까지만 따라 나왔다가 집으로 들어가고 남자 상주들은 묘지까지 계속 동행한다.

67쪽 사진 초분을 이용한 세골장(洗骨葬)과 같은 고대의 장례 풍속을 그대로 유지하고 있는 진도의 경우는 사정이 다르다. 행렬 맨 앞에 풍물잡이들이 풍물을 치며 길을 선도하고 뒤를 이어서 부녀들이 풍물에 맞추어 춤을 추며 무리지어 따른다. 다른 행렬들은 그 뒤에 차례로 선다. 전남 장흥 지역에서는 풍물잡이들이 사라지고 기생들이 상여 앞에서 춤을 추어 노래와 춤이 어우러진 축제 형식의 장례 행렬을 이룬다. 전날 밤의 빈 상여 놀이와 함께 축제 형식을 지닌 이러한 운구 관행은 전통적인 장례의 모습으로 이해된다.

곧 「수서(隋書)」권 81 '동이전(東夷傳)'의 고려(高麗)조 기록에 따르면 "장례를 하면 곧 북을 치고 춤을 추며 노래를 지어 부름으로써 주검을 묘지로 운송했다(葬則鼓舞 作樂以送之)"고 한다. 북은 풍물의 상징적인 표현이다. 이로써 고대에는 장례가 가무(歌舞) 중심의 축제 형식으로 이루어졌음을 알 수 있다. 본디 모습이었던 〔가〕축제 형식의 장례 행렬이 유교 문화의 영향으로 점차 바뀌어, 〔나〕상여 앞소리와 기생들의 춤, 〔다〕북장단과 앞소리, 〔라〕요령과 앞소리, 〔마〕앞소리만 하는 정도로 축소되었고, 최근에는 앞소리를 메기지 않은 채 〔바〕후렴만 하거나 그마저 〔사〕사라진 곳이

영결식마저 끝나면 상여가 집을 나선다.(위, 가운데, 아래)

있으며 마침내 〔아〕 영구차로 주검을 운반하는 것이 일반화되는
상황에까지 이르렀다.

68쪽 사진      더러는 상여 행렬 맨 앞에 방상씨(方相氏) 탈이 서기도 한다. 방상
씨는 황금색의 눈을 네 개나 가진 귀신 쫓는 탈로서, 두 사람이 이
탈을 쓰고 긴 칼이나 창과 방패를 들고 앞장을 서서 칼을 휘둘러
잡귀를 몰아내는 구실을 한다. 죽은 이의 저승길을 깨끗이 닦아
주는 셈이다. 진도 지방에서는 이와 같은 행위를 일러 '희광이 춤'
이라고 한다. 희광이는 사형 집행인인 망나니의 다른 이름이다.

행세하는 집안의 어른이 죽으면 죽은 이가 매장되기 전에 평소에
원한을 사서 죽은 귀신들이 공격할 것에 대비하여 이들을 얼씬 못하
도록 희광이 춤을 추게 하는 것이다. 상여 주위를 돌아다니며 칼을
휘둘러 무엇을 베거나 찌르는 시늉을 하며 활달한 동작의 위협적인
춤을 춘다. 묘지에 도착하면 미리 파 놓은 광중 속에 들어가 칼춤으
로 잡귀를 몰아내고 하관할 때가 되면 뒤를 돌아보지도 않고 오던
길이 아닌 다른 길로 달아난다. 그러지 않으면 잡귀들의 등쌀에

초분(위)과 석분(아래)  세골장과 같은 고대의 장례 풍속을 그대로 유지하고 있는 진
도에서는 축제 형식의 장례 행렬을 이룬다.

죽을 수도 있다고 여긴다. 상가에서는 희광이 노릇을 한 사람에게는 그 위험성을 고려하여 특별히 보수를 챙겨 준다.

최근의 장례 행렬에 등장한 방상씨로는 지난 1988년 1월 30일에 발인한 추연(秋淵) 권용현(權龍絃) 선생의 유월장(踰月葬)을 들 수 있다. 이때에는 방상씨 탈을 쓰고 긴 칼을 든 울긋불긋한 옷차림의 허수아비 하나를 만들어서 장례 행렬 앞에 세우고 수레로 끌어가도록 했다.

이 장례는 유월장이라는 점에서도 주목을 끌었다. 이 시대의 마지막 유학자라 하여 유림에서 전통 유교 의례에 따라 유월장을 한 것이다. 유월장은 임종한 달의 그믐을 넘겨서 장사(葬事)하는 장례 방식이다. 추연 선생은 같은 달 8일에 임종을 했으나 23일장으로 장례를 치른 것은, 유가의 선비 장례식의 전통에 의해 유월장을 치르느라 그 달의 그믐을 넘겼기 때문이다. 임종 뒤 23일 동안 주검을 뜰 안에 초빈(草殯)으로 모셔 두고 상주들은 무시로 곡을 하며 생시처럼 밤에는 이부자리를 펴드리고 아침에는 문안 인사를 드렸

조문객  추연 선생은 임종 뒤 23일 동안 주검을 뜰 안에
초빈으로 모셔 두고 상주들은 무시로 곡을 하며 생시처럼
밤에는 이부자리를 펴드리고 아침에는 문안 인사를 드렸
다. 이 장례식의 조문객 가운데 부모의 상을 당해 아직
복을 벗지 못하여 삿갓을 쓴 사람이다.

다. 초빈은 뜰 안 적절한 곳에 관을 안치하고 눈비에 맞지 않도록
이엉을 덮어 둔 임시 묘소인 셈이다.

　이 장례식의 조문객 가운데는 머리를 길게 땋은 학동들도 있었으
며, 부모의 상을 당해 아직 복(服)을 벗지 못한 사람들은 얼굴을
가리기 위해 삿갓을 쓰고 있는 이도 있었다.

# 상여와 영여의 세계관적 상징성

일반적으로 장례 행렬 가운데 특히 눈길을 끄는 것은 영여와 상여이다. 영여는 죽은 이의 영혼을, 상여는 주검을 운반하는 가마이므로 72쪽 사진 장례 행렬에서는 필수적이다. 영구차를 이용하는 도시의 장례 행렬에서는 죽은 이의 사진이나 혼백을 실은 승용차가 앞장을 서고 뒤를 이어 주검을 실은 영구차가 따른다. 승용차가 영여, 영구차가 상여 구실을 하는 것이다.

영여는 2인교 가마를 메듯이 끈을 가위표로 엇걸어 어깨에 걸고 두 손으로 가마채를 잡을 수 있도록 된 작은 가마인데 여기에는 혼백 상자와 향로, 영정 등을 실어 영혼이 타고 가는 것을 상징한다. 가마채가 허리 높이 정도 오기 때문에 이 가마를 요여(腰輿)라고도 한다. 영여의 지붕에는 녹색 바탕에 붉은색의 연꽃 봉오리가 달려 있고 옆면에도 연꽃 망울이 피지 않은 상태로 그려져 있다. 정면에는 여닫이문이 쌍으로 달려 있으며 문 앞에 흰 고무신 한 켤레를 얹어 두기도 한다. 뒷면에는 태극을 그려 두었는데 음과 양을 상징한다.

녹색 바탕의 연꽃 망울은 영혼의 부활을 상징한다. 꽃은 일반적으로 재생의 주술적 힘을 지니고 있다고 여겨진다. 꽃의 색깔에 따라 구체적으로 피를 돌게 하거나 살이 살아나게 하고 숨을 쉬게 한다. 특히 연꽃은 이러한 생명력의 구실을 더 적극적으로 한다. 심청이 인당수에 빠졌다가 다시 살아나는 것도 연꽃을 통해서인데 연꽃의 재생 주술을 믿기 때문에 성립된 이야기이다. 영여 옆면에 연꽃을 그리거나 그 지붕을 연꽃 봉오리로 형상화한 것은 한결같이 영혼의 재생을 기원하는 주술적 사고에 근거한 것이라 하겠다.

영여의 문 앞에 신발을 놓아 둔 것은 영여에 신발의 주인이 타고 있다는 것을 시각적으로 드러내고자 한 것이다. 우리는 집 안에 사람이 있고 없음 또는 그 수를 확인하는 수단으로 문 앞 댓돌 위에

**상여와 영여**  일반적으로 장례 행렬 가운데 특히 눈길을 끄는 것은 영여와 상여이다. 영여는 죽은 이의 영혼을, 상여는 주검을 운반하는 가마이므로 장례 행렬에서는 필수적이다.

놓여 있는 신발을 본다. 방에 들어갈 때는 으레 신발을 벗어 두는 민족적 관습 때문이다. 이 신발은 반혼할 때에도 영여에 싣고 와서 다시 빈소에 모셔 둔다. 죽은 이의 영혼이 신발과 함께 빈소에 모셔져 있다는 것을 상징하기 위해서이다.

　장례 행렬에서 영여가 상여의 앞에 서는 것을 보면 영혼이 육신에 비해 우선하는 가치 부여를 받고 있다는 것을 알 수 있다. 그리고 영혼을 싣는 가마와 주검을 싣는 가마가 영여와 상여로 구분되어 있는 것을 보면 영육을 분리하고 저승과 이승을 나누어 인식하는 이원적 세계관이 장례 행렬에서도 분명하게 나타나 있음을 확인할 수 있다.

**영정**　영여 대신 요즘은 죽은 이의 사진을 어깨에 걸고 상여 앞에 서는 일이 많다.

또한 상여는 규모가 크고 무겁기 때문에 보관이나 운반이 쉽지 않다. 별도로 상여를 보관하는 곳집을 지어서 이용하고, 장례에 쓰지 않을 경우나 장지까지 주검의 운송을 마쳤을 때에는 상여를 완전히 해체할 수 있도록 조립식으로 만들어져 있다. 필요에 따라 조립과 분해가 가능한 것이다. 대형 가마이면서 복잡한 장식을 하고 있는 상여를 쉽게 분해하고 조립할 수 있도록 제작한 것은 생활상의 필요에 의해 개발된 민중적 슬기라 하겠다.

75쪽 사진 상여는 규모만 큰 것이 아니다. 모양과 꾸밈도 복잡하다. 단순히 주검을 나르는 물리적인 운반구가 아니라 이승과 저승을 이어 주는 세계관적 구조물이기 때문이다. 상여의 얼개는 아주 복잡하고 그 부품의 수도 엄청나게 많으므로 대표적인 상징물로 두드러진 특징만 본다.

죽은 이의 관을 덮고 있는 장방형의 운각(雲閣)을 중심으로 보면 운각 앞뒤에는 귀면(鬼面)이 그려져 있고, 그 위에는 용 두 마리가 앞뒤를 향해 서로 몸을 꼬고 있는데 이를 용마루라 한다. 앞뒷면의 귀면 그림은 눈을 크게 부릅뜨고 수염이 거칠게 뻗어 있어 무서운 형상을 하고 있다. 상여 앞장을 서는 방상씨가 무서운 형상과 몸짓으로 잡귀를 쫓듯이 상여의 귀면 역시 잡귀의 범접을 막기 위한 것이다. 청룡과 황룡이 앞뒤를 향해 꼬여 있는 용마루 위에는 염라대왕과 저승사자, 강림 도령이 차례로 타고 있다.

특히 염라대왕은 호랑이를 타고 있어 별도의 의미를 지닌다. 용은 하늘을 마음대로 날아다니는 신격이며, 이를 타고 있는 세 인물 역시 죽음을 관장하는 저승의 신격이자 이승과 저승을 마음대로 드나드는 초월적 존재이다. 임종 뒤에 사잣밥 세 그릇을 마련해 두는 것도 같은 이유에서이다. 용과 호랑이는 묘지 좌우에서 주검을 보호하는 이른바 '좌청룡 우백호' 구실을 상여에서부터 하는 셈이다. 죽은 이를 저승으로 순조롭게 인도하려는 기대와 이승과 저승

**상여** 상여는 규모만 큰 것이 아니라 모양과 꾸밈도 복잡하다. 단순히 주검을 나르는 운반
구가 아니라 이승과 저승을 이어 주는 세계관적 구조물이기 때문이다.(위, 아래)

**상여** 상여는 한국인이 이상적으로 생각하는 또 하나의 집이다. 죽어서 저승을 간다는 것은 이승의 집에서 저승의 집으로 바꾸어 들어가는 것을 뜻한다. 상여는 양택인 이승의 집에서 음택인 묘지로 가는 동안에 임시로 거처하는 음양의 중간적인 집으로 인식한 셈이다.

사이의 공간적 관계에 대한 인식이 용호의 형상과 저승의 신격을 통해 구체화된 것이다.

상여 몸체의 위쪽 귀퉁이 사면에 봉황이 화려한 색상으로 조각되어 있다. 봉황도 역시 용처럼 자유로이 하늘을 날 수 있는 신성시되는 새이다. 죽은 사람의 영혼이 새가 되어 저승인 천상으로 비상하여 영원의 세계에 이른다는 영혼관이 상여의 봉황으로 나타난 것이 아닌가 한다. 또한 새는 죽은 사람의 영혼을 인도하기도 하며 저승으로 가는 도중에 과도기적 재생 역할을 하는 것으로 보기도 한다.

서낭대 꼭대기의 꿩 깃털 장식이나 고대 왕관의 새 날개 장식, 솟대 위의 기러기나 오리 그리고 바리공주를 저승으로 이끌어간 까치 등은 모두 이승과 저승을 매개하는 신성한 존재로 인식되고 있다.

봉황의 부리에 주홍색의 굵은 줄을 늘어뜨려 중간에 매듭을 세 개 만들고 그 끝에 요령(종)을 달아 두어, 상여가 크게 움직일 때마다 요령이 울린다. 이것은 현실적으로 상여가 기울거나 흔들리는 것을 일깨워 주어, 주검을 고이 모시려는 장치 구실을 한다. 또 상여가 전체적으로 용마루, 운각, 몸체, 난간 등으로 이루어져 있을 뿐만 아니라, 그 형상과 단청이 마치 절의 전각과 같은 웅장한 집 모양을 하고 있어, 상여의 요령 역시 절 추녀 끝의 장식물로 받아들여지는 동시에 잡귀를 쫓는 구실을 하는 것으로 이해되기도 한다.

결국 상여는 한국인이 이상적으로 생각하는 또 하나의 집이다. 76쪽 사진 죽어서 저승을 간다는 것은 이승의 집에서 저승의 집으로 바꾸어 들어가는 것을 뜻한다. 상여는 양택(陽宅)인 이승의 집에서 음택(陰宅)인 묘지로 가는 동안에 임시로 거처하는 음양의 중간적인 집으로 인식한 셈이다.

상여 용마루 위에 연꽃이 조각되어 있는 것은 영여의 형상과 일치한다. 저승에서 연화대 위에 재생하는 의미를 지니는 것이다. 운각 둘레에 병아리가 조각되어 있는 것도 저승에서 새로 태어남을 상징한다.

결국 상여를 꾸미는 장식물들은 용과 봉황 등의 초월적인 상상물에서 귀면과 저승 사자와 같은 신격 그리고 연꽃과 호랑이, 병아리 등 현실적인 동식물에 이르기까지 죽은 이를 아무 탈 없이 저승까지 이를 수 있도록 보호하는 구실과 저승에서 온전하게 새로운 삶을 얻을 수 있도록 하는 구실을 한다. 그러므로 상여의 형상과 각종 장식들은 이원적 세계관과 영혼 불멸의 관념을 시각적으로 구체화한 상징물이라 하겠다.

# 상엿소리의 구실과 죽음의 인식

　주검을 나르는 것은 상여이고 그 상여를 메는 것은 상두꾼이다. 그래서 상여가 마련되고 상두꾼이 상여를 메기만 하면 운구가 이루어질 것 같으나 그렇지 않다. 상여를 메는 이는 상두꾼이지만 상두꾼이 움직이지 않으면 운구가 불가능해진다. 정작 이 상두꾼을 움직이게 하는 것은 상엿소리이다. 상여 앞소리꾼이 상여 위에 올라타고 풍물이나 북 또는 요령 장단에 맞추어 앞소리를 메겨야 비로소 상여가 움직인다. "간다 간다 나는 간다 북망산천 나는 간다" 하는 앞소리꾼의 노래 사설에 따라 상여가 움직이면서 상두꾼들은 "너호 너호 에이넘차 너호" 하고 뒷소리를 받는다. "이제 가면 언제 오나 친구나 보고 떠나가자" 하고 앞소리꾼이 친구들을 찾아보고자 하면, 상두꾼들은 죽은 이의 친구 집과 경로당을 찾아가서 상여 앞쪽을 낮게 세 차례 숙여서 하직 인사하는 시늉을 한다. 더러는 종가 사당이나 일가 어른들의 빈소에 가서 인사하는 경우도 있다.

　마을 어귀에 와서는 상주와 며느리, 딸네들을 두루 불러들여서 절을 받기도 한다. "사위 사위 우리사위 만나보고나 떠나갈까" 하고 앞소리를 하면 사위들까지 돈봉투를 들이밀고 절을 해야 한다. 그러

**운구 행렬** 주검을 나르는 것은 상여이고 그 상여를 메는 것은 상두꾼이다. 상여를 메는 이는 상두꾼이지만 상두꾼이 움직이지 않으면 운구가 불가능해진다. 정작 이 상두꾼을 움직이게 하는 것은 상엿소리이다.

지 않으면 상여가 장지로 가지 않고 계속 머뭇거린다. 사위가 절을 하면 마침내 "오늘 한번 이래 보면 우리사위 언제볼고/잘 있그라 잘 살어라 북망산천 나는 간다"고 하면 다시 상여가 움직인다.

마을 어귀를 벗어나 산기슭에 이르러 다시 "어찌 갈꼬 어이 갈꼬 산 설고야 물 선곳에/못 갈다야 못 갈다야 노자 없어 못 갈다야" 하면 다시 상여가 발길을 멈춘다. 다시 상주가 곡을 하며 봉투를 주고 절을 해야 한다. 그러면 "황천가는 이 길에야 노자 한 푼 보태 주니/간다 간다 나는 간다 황천길로 나는 간대이" 하는 앞소리 사설 이 메겨진다. 그러면 다시 상여가 앞으로 나간다. 이처럼 상여는 앞소리의 사설이 지시하는 대로 움직이기도 하고 멈추기도 하며 방향을 바꾸기도 한다. 그러므로 전통적인 사회에서 상엿소리 없이 상여가 나간다는 것은 생각조차 하지 못했다.

상엿소리는 상여의 운행만 지시하는 것이 아니다. 산 자들과의 만남도 주선한다. 상주와 딸, 며느리, 사위, 일가 친척들을 불러들이 는 구실을 한다. 이들과 마지막으로 만나서 이별의 뜻을 전하는 것이다.

상주상주 우리 상주 어데 가고 아니오노/이제 보면 언제 볼꼬 막죽이고 하직이데이/혼자 남은 너거 어메(어머니) 생고생도 많이 했대이/상주 상주 내상주야 너거 어메를 잘 섬겨라/……/ 이제 가면 언제 올로 내년 이맘때 제삿날에/다시 한번 만나보자 잘 있거라 잘 가거라/우리 딸네 울지 마라 내 가슴이 더 답답다/ 내가 가면 아주 가나 저승길에 만나 보재이

이런 식으로 상주를 비롯한 유족과 친구들에게 당부의 말을 남기 며 이별을 하는 것이다. 상엿소리를 통해서 죽은 이의 유언을 새삼 스레 듣는 듯하다.

앞소리꾼  앞소리꾼이 요령을 흔들면서 앞소리를 메기고 있다.

　이별의 절차가 끝나면 상여는 마을을 떠나 산으로 간다. 따라서 상엿소리는 상여를 움직이는 노동요이자 장례의 절차를 수행하는 의식요이기도 하다. 상두꾼들은 메김 소리에 따라 뒷소리를 받으며 흥을 돋움으로써, 상여를 운반하는 달갑지 않은 작업을 기분 좋게 신명을 내어 하게 된다. 특히 전날 밤의 빈 상여 놀이를 떠올리며 상여 메는 일을 즐긴다면 상엿소리는 일종의 유희요 기능까지도 하는 것이다. 상엿소리의 내용 가운데에는 삶과 죽음의 문제를 다룬 것이 많아서 생사 문제에 대한 자각을 일깨워 주는 구실도 한다. 그러므로 상엿소리의 내용을 다각도로 나누어 볼 필요가 있다.

　이미 상여의 운행을 지시하는 내용이나 이별에 관한 내용은 앞에서 소개한 것과 같다. 이 밖에 죽음에 대한 내용, 인간의 출생과 삶에 대한 내용, 죽은 이의 일생을 추모하는 내용, 죽은 이의 당부와 덕담에 대한 내용, 죽은 이에 대한 자손들의 축수 내용 등이 있다.

먼저 죽음에 대한 내용을 보면 죽음 자체에 대한 것과 죽음의 세계에 대한 것으로 나눌 수 있다. 이를테면 "한번 아차 죽어지니 저승길이 분명하데이/대궐같은 집을 두고 나의 갈길 찾아가네/이제 가면 언제 오노 한번 오기 어려워라/우리 인생 한번 가면 다시 오기 어려워라"와 같이, 죽음은 아차 하는 순간에 닥치지만 일단 죽게 되면 다시는 돌이킬 수 없다는 사실을 노래하고 있다.

"몹쓸놈의 병이 들어 염라대왕 내 가잔데이" "조선없는 약을 써도 약효험이 없구나에" 하는 사설에서는 현실적으로 죽음은 병에서 비롯되는 것이지만, 사실은 죽음을 관장하는 염라대왕이 영혼을 저승으로 데리고 가는 것이 곧 죽음이라는 것이다. 따라서 병은 약으로 고칠 수 있는 것이나 염라대왕이 데려가려고 하면 백약이 무효가 된다고 한다. 이는 곧 죽음은 어쩔 수 없는 것으로 받아들여야 한다는 것이다.

한편 죽음의 세계에 대한 것으로 "저승길이 멀다 해도 문전 앞이 저승이데이/대궐같은 집을 두고 저승으로 가는 길에/노비라도 보태주면 고맙기도 고맙데이/내가 가면 아주 가나 저승길에 만나보제이" 하는 사설들이 있다. 여기서는 저승길을 문 앞처럼 가깝게 여기는 생각과 노자를 써가며 동행도 만날 것처럼 아주 먼 길로 여기는 생각이 상반되어 있다. 앞의 생각은 죽음 자체에 관한 것이자 현실적인 경험에 근거한 것이라면, 뒤의 생각은 죽음의 세계에 관한 것이자 관념적인 상상에 근거한 것이다.

죽음 자체는 순간적인 것으로 경험하지만 죽음의 세계는 삶의 세계와 마찬가지로 멀고 험한 것으로 상상한다. 저승 세계의 이러한 상황은 "일직사자 월직사자 한손에 창검들고/또한손에 철봉들고 쇠사슬을 비껴들고/활등같이 굽은 길로 쏜살같이 달려와서/성명삼자 불러내니 뉘분부라 거역하며/……저승원문 다다르니 우두나찰 마두나찰/소리치며 달려들어 인정달라 하는구나"와 같은 사설에서 자세하게 묘사된다. 염라대왕을 중심으로 저승 사자들이 관장하는 죽음의 세계가 별도로 있으며, 생전에 어떤 일을 하고 어떻게 살았는가에 따라 저승 세계의 삶이 결정된다고 믿고 있다. 이러한 인식은 결국 삶과 죽음의 문제가 별개의 것이 아니라 상호 관련을 맺고 있다는 데 근거하고 있다.

상엿소리에는 죽음의 문제와 더불어 출생의 문제와 삶에 대한 문제도 함께 다루어져 있다. "석가여래 공덕으로/아버님전 뼈를 빌고 어머님전 살을 빌고/칠성님전 명을 빌어 이 세상에 태어나서"라고 하는 대목이 출생 과정을 묘사한 것이라면, "세상천지 만물중에 사람밖에 또 있는가" 또는 "염라대왕전 굴복하니 추상같은 호령일세/살아생전 이웃들에게 선심공덕 하였더냐/배 고픈 자 밥을 주어 기갈공덕 하였더냐/목 마른 자 물을 주어 갈수공덕 하였더냐/헐벗은 자 옷을 주어 누의공덕 하였더냐" 하는 대목은 삶의 업보가 저승살이에 반영된다는 것을 나타낸다.

사람이 태어나는 데는 많은 신들과 부모의 협력이 있었다는 것을 통해 고귀한 생명의 가치와 신비성을 인식하게 하고, 구체적으로 "세상천지 만물 중에 사람밖에 또 있는가"라고 하여 인간의 존귀함을 노래한다. 그리고 살아 생전에 남을 위해 좋은 일을 많이 해야 저승살이가 보장받을 수 있다는 것을 강조한다. 죽음의 마당에 출생의 문제와 삶의 문제를 함께 거론함으로써, 인간의 존재와 세상살이에 대한 바람직한 인식과 태도가 무엇인가 하는 것을 설득력 있게 일깨워 주는 계기를 마련하는 것이다. 죽음의 의례가 죽은 이의 문제가 아니라 살아남은 자의 문제라는 것이 여기서 다시 확인되는 셈이다.

열일곱에 시집 오니 어린 신랑 철 모르고/홀시아버지 섬기는데
웬 제사는 그리 많고/시동생들 뒷바라지 없는 살림 갖은 고생/
아들 못낳아 설움받다가 막죽판에 너를 놓고/들어봐라 맏상주야
내가 너를 키울 적에/진자리에 내가 눕고 마른 자리에 너를 눕혀/
어이그리 키웠든고 눈물밥은 얼마든고/천년만년 살라고야 알뜰살
뜰이 벌었는데/앞산에 팥밭쪼아 밭뙈기도 장만하고/외동상주
잘 키울라고 갖은 애를 다 썼건만/애닯고도 애닯도다 살 만하이
병이 드네/박복한 내 팔자야 내 몸 하나 죽어지니/태산같이 모은
재물 세상만사가 헌사된다/박복한 요내몸이 갓 육십에 나는 간다/
육십평생 고생하다 갈라 하니 원통하다/밭뙈기도 못미덥고 외동
상주 못미덥다

이 대목은 죽은 이의 일생을 추모하는 내용이다. 죽은 이가 자신
의 일생사를 넋두리 형식으로 토로하는 것이지만, 사실은 앞소리꾼
의 메김 소리를 통해서 죽은 이의 일생을 돌이켜 생각함으로써 산
자들로 하여금 죽은 이가 지녔던 생전의 뜻을 추모하도록 한다.
  인용한 사설처럼 특히 여성이 고생하며 시집살이한 내용이나
알뜰히 살려고 애쓴 내용이 실감나게 노래되면 딸네와 며느리들의
곡소리가 더욱 구슬퍼지면서 평소에 효도하지 못한 일을 진심으로
뉘우치게 된다. 마을 사람들조차 모두 눈물을 글썽이며 "웬걸! 아무
개 댁이 그때 그래 살았지! 저승에 가서나 편케 살아야 될 텐데"
하고서 새삼스레 죽은 이의 명복을 빌어 준다. 따라서 앞소리꾼의
노래 솜씨가 잘 발휘되는 부분도 이 대목을 부를 때이다. 그러므로
관록 있는 앞소리꾼은 미리부터 죽은 이의 내력을 조사하여 앞소리
메길 준비를 해둔다.
  더러 마을에 앞소리꾼이 없을 경우에는 이웃 마을에 가서 앞소리
꾼을 청해 오는데 이때 죽은 이의 사정을 자세히 알 수 없으면 청을

받아들이지 않는 게 예사이다. 앞소리는 죽은 이에 대한 추모의 구실도 해야 한다는 것을 알기 때문이다. 자연히 청을 할 때에는 죽은 이의 내력도 자세하게 알려 주기 마련이다. 딴 마을 앞소리꾼이 상엿소리를 메기면서 죽은 이가 겪었던 생전의 삶을 고주알미주알 풀어 섬기면, 마을 사람들은 "저 사람이 아무개 내력을 우리보다 더 잘 아네. 앞소리꾼 할 만하네 그려" 하며 감탄하기 마련이다.

죽은 이가 마지막 가는 길에 자손들에게 당부하고 싶은 말도 있고 자손들 역시 부모를 위해 축수하고 싶은 뜻이 있다. 이러한 뜻이 모두 상엿소리를 통해서 교환된다. 이를테면 "우리 맏상주 여기 왔나 울지마라 내 상주야/잠 못자고 너무 울면 눈도 붓고 목도 쉰다"와 같이 상주에게 현실적인 당부를 하기도 하고, "밀양 박씨 너거 모친 열일곱에 시집와서/내 한 몸을 의지하고 갖은 고생 다 하다가/내가 덜컥 죽어지니 누굴 믿고 살겠는고/내 간다고 설워말고 부모은공 다 하거라" 하며 집안의 뒷일을 당부하기도 한다. 더러는 "잘 있거라 잘 살아라/삼신 성주 복을 받아 아들 손자 잘 키우고/대궐 같은 집을 짓고 자손만대 잘 살아라"고 덕담까지 한다.

앞소리꾼은 죽은 이가 되어 자손에게 덕담까지 하는가 하면, 자손이 되어 죽은 이의 저승길을 축수하는 일도 한다. "아들손자 다 버리고 어느 곳으로 가실려오/집안 걱정 다 잊었부고 영결종천 잘 가시오/옥황님전 가신 님아 슬퍼말고 고이 가오/비나이다 비나이다 극락세계 가옵기를/고이 가소 고이 가소 극락세계 고이 가소" 하며 죽은 이가 극락 세계에 순조롭게 가도록 축수하는 대목이 여기에 해당된다. 일종의 천도굿 구실을 하는 셈이다.

이처럼 상엿소리는 그 내용의 다양성으로 인해 장례 의식요, 운반 노동요로서의 기능말고 이별가의 기능과 놀이요로서의 유희적 기능, 죽음의 세계를 묘사하는 기능, 죽은 이를 추모하는 기능, 생사 문제를 자각시키는 기능 등을 두루 한다.

# 묘터 잡기와 시공간의 문제

상여가 묘지를 잡아 둔 산기슭에 이르면, 상두꾼들이 상여를 놓고 잠깐 쉰다. 상여를 메고 가파른 산을 오르려면 휴식이 필요하기 때문이다. 술을 한 순배 나누면서 목을 축인 다음 본격적인 산행이 이루어진다. 이때는 앞소리꾼도 상여를 타지 않고 상여 앞에서 길을 인도한다. 상엿소리도 달라진다. 평지에서 상여를 운반할 때보다 힘에 버겁고 숨이 가빠진다. 따라서 상엿소리는 느린 4음보격에서 빠른 2음보격으로 바뀐다. 뒷소리도 "너호너호 에이넘차 너호오" 하던 것이 "너호 시야"로 바뀌어서 앞소리와 가락을 맞춘다. 앞소리의 내용도 "천하 명산/올러 간다/일심 받어/땡겨 주소/올러 갈때/힘많이 든다"와 같이 산을 오르는 동작과 관련되어 바뀌는 것이다.

87쪽 사진   상여는 장지까지 주검을 운반한 다음에는 곧 해체되거나 불태워 버린다. 상여는 주검을 음택인 묘지까지 운반하는 데 그 목적이 있기 때문이다. 그러나 영여는 그대로 온전하게 두어야 한다. 주검은 묘지에 묻었지만 영혼은 집으로 다시 모셔가야 하기 때문이다. 상여가 묘터에 이르면 산역꾼들이 이미 묘자리를 어느 정도 닦아 놓은 상태이다.

**상여 태우기** 상여는 장지까지 주검을 운반한 다음에는 곧 해체되거나 불태워 버린다. 상여는 주검을 묘지까지 운반하는 데 그 목적이 있기 때문이다.

묘터는 음택이라 하여 양택인 집터와 함께 그 자리잡음을 중요시한다. 묘터와 집터의 터잡는 일에 관련된 인식의 체계를 풍수 사상이라 하며, 이와 관련된 지식들을 풍수 또는 풍수 지리라 하고, 여기에 관련된 여러 가지 설을 풍수설이라 한다. 그리고 땅의 이치와 땅의 기운이 사람의 생활에 미치는 영향을 잘 알고 터잡는 일을 전문으로 하는 사람을 지관(地官), 지사(地師) 또는 풍수쟁이라고도 한다.

어느 경우든 풍수라는 말이 빠지지 않는 것은 좋은 터의 기본 조건이 장풍득수(藏風得水) 곧 바람을 잘 막아 내고 물을 넉넉하게 얻을 수 있는 곳이어야 한다는 데서 비롯된 셈이다. 이른바 '배산임수(背山臨水) 좌청룡 우백호(左靑龍右白虎)'라고 흔히 일컫는 것 역시 묘지 뒤편인 북쪽과 좌우인 동서쪽이 산으로 둘러싸여서 바람

**묘터 잡기** 묘터는 공간상의 위치 개념이며 좌향은 공간상의 방위 개념이다. 이 모든 것을 풍수가 지정하여 주는데 묘터를 명당으로 잘 잡으면 후손이 번성하고 가세가 번창하기 때문이다.


을 막고, 앞인 남쪽은 트여서 물길이 가까이 이르고 볕을 잘 받을 수 있는 곳을 가리키는데 이것도 '장풍득수'의 원리에 기초한다.

전통적으로 묘터가 사람들의 길흉 화복에 깊은 영향을 미친다고 여겼기 때문에 집안에 우환이 없는 경우에도 평소부터 묘터 구하는 일에 관심을 기울인다. 사는 형편이나 묘터에 대한 관심의 정도에 따라 외지의 유명한 풍수나 마을의 전문가를 모셔다가 함께 답산 (踏山)을 하며, 묘터를 여러 모로 가늠한다. 마음에 드는 묘터가 정해지면 다음에 알아볼 수 있도록, 또는 다른 사람이 묘를 쓰지 못하도록 표시를 해둔다. 더러 가무덤을 만들어 두기도 한다.

묘터를 잘 잡아서 후손이 번성하고 가세가 번창하게 되면, 그 묘터를 명당(明堂)이라 한다. 명당을 잡기 위해 가산을 탕진해 가며 전국을 다니는 사람이 있는가 하면, 명풍수로 널리 알려진 인물이

자신의 선친 묘를 명당에 모시고자 계속해서 묘터를 옮기다가 망했다는 이야기도 전승되고 있다. 그러므로 풍수설을 맹목적으로 신앙하는 일은 경계할 필요가 있으나 근래에 학자들에 의한 학문적 조명이 이루어지고 있어 계속해서 주목할 만하다.

묘터가 잡히면 출상 당일 산역꾼들은 상여에 앞서 묘지에 이른다. 상여가 도착하면 손쉽게 무덤을 쓸 수 있도록 기초 작업을 하기 위해서이다. 산역꾼들은 산역을 시작하기 전에 먼저 산신제부터 올린다. 산신에게 미리 제사를 올리지 않고 산역을 하게 되면 산신의 노여움을 사서 부정을 탄다고 여기기 때문이다. 묘를 쓸 주산 봉우리를 향해 제물을 차려 두고 간단히 절하고 축문을 읽는다.

별도로 개토제(開土祭)를 지내는 경우에는 연장으로 땅을 파기 전에 묘를 쓸 곳에다 제사를 올린다. 관을 넣을 네모난 구덩이를 광중(壙中)이라 하는데 먼저 광중에 해당되는 네 귀퉁이의 흙을 한 삽씩 떠낸 뒤에 그 앞에 간단한 제물을 차려 놓고 절을 올린다. 이들 제의는 모두 산을 신성시 여긴 나머지 함부로 산을 훼손해서는 안 된다는 믿음에 근거하고 있는 것이다.

제의가 끝나면 묘지 주변의 나무들을 밑동까지 깨끗하게 베어내고 광중 부근의 나무는 그 뿌리까지 캐낸다. 그리고는 관을 안치할 광중을 넓게 파내려 가다가 관을 들여놓을 안쪽에는 관이 들어가기에 알맞을 정도로 좁게 판다. 이런 작업을 하고 술을 한 순배 돌리고 쉬노라면 상여가 묘지에 도착한다. 상여는 관을 광중에 넣기로 정해진 시간에 늦지 않게 도착해야 한다. 이 시간을 하관시(下棺時)라 하는데 하관시 역시 풍수가 죽은 이의 생기 복덕에 따라 정확한 시간을 잡아 준다. 풍수가 산역꾼들과 함께 묘지에 도착한 경우는 산역을 일일이 지휘하여 광중의 정확한 좌향과 깊이, 폭, 길이 등을 잡아 주지만 상여와 함께 도착한 경우는 산역꾼들이 파놓은 광중을 조정해서 정확성을 지니도록 다시 손질을 시킨다.

이때 가장 중요한 것이 좌향 곧 관이 놓이는 방향인데 정확한 좌향을 잡기 위해 패철(나침반)을 사용한다. 풍수들이 쓰는 패철은 예사 것과 달라서 방위만 표시되어 있는 것이 아니라, 주역(周易)에 기초한 오행과 십이 간지 및 육십 갑자까지 표시되어 있다. 방위도 사방위나 팔방위 정도가 아니라 십육 방위에서 삼십육 방위까지 세분되어 있다. 묘지의 좌향은 그만큼 정확성을 요구받고 있는 것이다. 광중의 좌향이 잡혀지고 하관시에 맞추어 관을 광중에 안치하게 되면, 다시 관의 좌향을 정확하게 조정한다. 주검이 무덤에 묻히는 시간과 공간을 정밀하게 고려하는 것이다.

묘터는 공간상의 위치 개념이지만 좌향은 공간상의 방위 개념이
다. 그리고 장례일은 시간상의 날짜 개념이라면 하관시는 시간상의
시각 개념이다. 주검을 다루는 시공간의 개념이 묘터와 장례 날짜에
서 좌향과 시각을 맞추는 쪽으로 점차 구체적이고 세밀한 기준을
요구하고 있다. 삶의 집인 양택의 위치와 방위가 그렇듯이 주검의
집인 음택의 위치와 방위가 길흉 화복에 영향을 미친다고 여기고,
세상에 태어남의 시간이 사주 팔자로 평생의 운명을 좌우하듯이
죽어서 땅에 묻히는 시간도 저승살이의 운명을 좌우하는 것으로
믿기 때문이 아닌가 한다.

**하관** 주검의 머리가 북쪽으로, 발이 남쪽으로 가도
록 하고 좌향에 맞도록 상하 좌우가 반듯하게
안치되면 관 또는 주검과 광중 사이를 흙으로
메운다.(옆면 왼쪽, 오른쪽)
이어서 명정을 관 위에 덮는다.(왼쪽)
**실토** 하관이 끝나면 관 위에 흙을 덮는 실토를
하고 흙으로 메운다.(아래)

하관을 할 때에는 이를 아무나 봐서는 안 된다. 생기에 따라 특정 간지에 해당되는 사람은 보지 못하도록 하며, 미혼 여성들도 가까이 하지 않도록 한다. 살이 끼면 급살을 당한다고 믿기 때문이다.

하관을 할 때에는 집안에 따라 관째로 광중에 안치하는 경우도 있고, 관에서 주검을 꺼내어 안치하는 경우도 있다. 하관이 시작되면 상주들은 곡을 그치고 하관을 지켜보도록 되어 있으나 이때 죽은 이와의 사별을 새삼스레 실감하는 탓으로 곡소리가 더욱 높아지기도 한다.

90, 91쪽 사진 주검의 머리가 북쪽(산봉우리 쪽)으로, 발이 남쪽(산기슭 쪽)으로 가도록 하고 좌향에 맞도록 상하 좌우가 반듯하게 안치되면, 관 또는 주검과 광중 사이를 흙으로 메운다. 이어서 명정을 관 위에 덮고 운(雲)자와 아(亞)자를 쓴 패도 관 양쪽에 끼워 둔다. 관을 해체하고 주검을 하관하는 경우에는 동천개라고 하는 나무를 광중에 가로로 걸쳐 덮는다. 동천개는 참나무나 버드나무, 대나무를 일정하게 자르고 편편하게 깎아서 홀수가 되게 준비해 두었다가 아래서부터 위로 덮어나간다.

93쪽 사진 이렇게 하관이 모두 끝나면 관 위에 흙을 덮는 '실토(實土)'를 한다. 상주가 직접 삽으로 흙을 떠서 관 위에 뿌리기도 하지만, 대체로 산역꾼들이 떠 주는 흙을 상복 자락에 받아 담아서 관의 윗부분과 가운데 그리고 아랫부분에 해당되는 세 곳에 나누어 뿌린다. 상주들이 차례로 흙을 뿌리고 나면 산역꾼들이 본격적으로 흙을 퍼부어 관을 묻는다. 흙으로 메우기 시작하여 평지와 같은 높이가 되면 '평토제(平土祭)'를 올린다. 평토제는 산에서 올리는 마지막 제사라 하여 제물을 특히 많이 차리는데 맏사위가 담당하도록 관례화되어 있다. 이때 쓴 제물은 산역꾼과 상두꾼 및 조문객들이 현장에서 고루 나누어 음복한다.

평토제가 끝나면 상주는 영좌의 신주와 혼백 상자를 모시고 집으

**봉분의 크기 확정**  상주들이 차례로 흙을 뿌리고 나면 산역꾼들이 본격적으로 흙을 퍼부어 관을 묻는다.

로 돌아온다. 혼이 집으로 되돌아온다고 하여 이를 '반혼(反魂)'이라 한다. 반혼을 할 때에는 영여에 다시 혼백을 모시고 영여가 앞장을 서며 상주가 그 뒤를 곡하며 따르되 반드시 왔던 길로 되돌아가야 한다. 다른 길로 가면 혼이 길을 잃게 되어 온전하게 반혼하기 어렵다는 생각에서라기보다 잡귀가 범접할 우려가 있다고 믿는 까닭이다. 반혼시에는 뒤돌아보는 것도 금지되어 있다. 주검에 미련을 두면 온전한 반혼이 어렵다고 여기기 때문이다.

반혼은 영육의 분리를 전제로 한 관념인데 사람이 죽었다 하여 곧 이승을 떠나 저승으로 여행하는 것이 아니라 저승에서 다시 태어나려면 일정한 전이 기간이 필요하다는 인식에 근거하고 있는 셈이다. 곧 혼은 살아 있는 사람의 몸에 깃들어 있되 죽게 되면 몸에서 분리되어 일정한 기간 동안 주검이나 생활 공간 주위에 머물러 있다가 저승으로 간다고 여기고 있는 것이다.

# 무덤 다지기와 덜구 소리

95쪽 사진 평토제 뒤에 반혼이 이루어지면 묘터의 산역꾼과 상두꾼들은 흙을 다져가며 봉분 만드는 일을 본격적으로 한다. 특히 무덤 다지는 일은 산역 가운데 가장 큰 일이다. 상두꾼들 가운데 여섯 또는 여덟 사람이 앞소리꾼을 둘러싸고 서서 '덜구 소리'에 맞추어 흙을 다진다. 산역꾼이든 상두꾼이든 무덤 터 다지는 일을 하게 되면 이들은 다시 '덜구꾼'으로 일컬어진다. 무덤 터 다지는 일을 '덜구 쩧는다'고도 하며 '회다진다'고도 한다. 뒤의 경우는 석회로 광중을 다질 때 특히 그렇게 일컫는다.

덜구꾼들이 흙을 다지는 동작은 마치 춤을 추는 듯하다. 흙을 다지는 동작을 할 때에는 일제히 오른발이 앞으로 나오며 두 손도 역시 앞으로 뻗어 손뼉을 치게 된다. 특정 지역에는 마치 덜구꾼들이 짝을 맞추어 대무(對舞)하듯이 정교한 춤 동작을 취한다. 땅을 다지기 위해 발이 앞으로 나갈 때는 혼자이지만, 다진 발을 거두어 들였을 때는 옆사람과 등을 대고 두 손을 높이 쳐들어 짝이 맞아야 한다. 이때 대무의 짝도 좌우의 사람과 번갈아 이루어진다. 따라서 이 춤에 숙달되지 않은 사람은 덜구꾼에 참여하기도 어렵다. 덜구

**봉분 쌓기**　평토제 뒤에 반혼이 이루어지면 묘터의 산역꾼과 상두꾼 들은 흙을 다져가
며 봉분 만드는 일을 본격적으로 한다. 이렇게 봉분의 모양이 형성되면 마지막으로
잔디를 입히고 봉분 앞에 상석과 비석, 망두석 등을 설치한다.

소리의 가락도 상엿소리와 달리 춤 동작에 맞게 가볍다. 후렴구도 "워어 덜구여"하고 2음보격이다. "덜구꾼은 여덟인데/나까지 아홉 일세/줄맞추고 대맞추고/한발을랑 내디디고/쿵덕쿵덕 찧어주소"라 고 하는 덜구 소리의 서두 부분이 이러한 덜구춤의 정황을 그대로 노래하고 있다.

덜구 소리의 내용은 상엿소리의 그것과 비슷하다. 덜구 찧는 일을 지휘하는 것 외에 삶과 죽음의 문제를 비롯하여 가족 관계의 확인, 후손들에 대한 당부의 말, 생시의 추모 등으로 이루어져 있다. 다만 무덤 터 주변의 환경을 빌어 주검이 처한 적막함을 노래하는가 하 면, 명당을 이야기하기 위해 명산들의 이름을 거론하는 것 등이 상엿소리와 다른 특징이라 하겠다. 상엿소리는 집을 떠나 묘지를 찾아가는 과정에서 부르는 노래이지만, 덜구 소리는 이제 음택인 묘지에 자리를 잡고 터를 다지는 상황이기 때문에 구체적인 주검의 현실 세계를 읊는 사설이 두드러질 수밖에 없다.

이를테면 "온세상 벗님네들/집구경을 가쟈스랴/기와집은 누집일 로/산천초목 울(울타리)을 삼고/떼딴재미(잔디) 이불삼고/널판질랑 요를 삼고/까막까치 벗을 삼고/눈을 감고 누웠는 세상/슬프고도 애닯도데이" 하고 노래하는 대목이 여기에 해당된다. 이는 영혼이 저승 사자를 따라 저승에 이르러 염라대왕 앞에서 심판을 받는 내용 과는 상반되는 죽음의 세계를 그린 것이다. 영혼이 주검을 떠나 저승으로 비약하는 데 비해, 주검은 이승의 현실을 벗어날 수 없기 때문이다. 그러므로 죽음의 세계 역시 두 갈래로 존재한다. 주검이 머무는 묘지를 중심으로 한 현실적인 흙의 세계와 영혼이 다시 태어 난다고 여기는 초월적인 저승 세계가 그것이다. 덜구 소리는 주검을 묻는 의례에서 부르는 것이므로 자연히 현실적인 흙의 세계를 주로 노래하게 된다.

물론 이때 처하는 주검의 공간은 일상적인 삶의 세계와는 구별되

는 현실적 세계이다. 삶의 공간인 마을과 격리된 산중이자 지하
세계이다. 자연히 슬프고 애달프기 마련이다. 영혼은 극락 왕생하여
비약적인 삶을 누릴 수 있지만 주검은 땅 속에 묻혀 썩어야 한다.
이것은 죽음에 대한 체험과 관념, 현실과 이상의 두 인식에서 비롯
된 것이다. 상례의 전반적인 관행이 조의성과 축제성, 경건성과 난장
성, 울음과 웃음이 맞서면서 겹쳐 있는 까닭도 이 때문이다. 결국
주검의 현실에서 보이는 인간의 한계를 극복하고자 떠올린 관념이
영혼의 존재이자 저승의 세계인 것이며, 죽음의 비탄에 몰입되지
않으려고 생각해 낸 문화적 장치가 상례에 보이는 놀이적 요소인
것이다.

　이른바 명당의 발복(發福)은 주검의 공간인 무덤으로부터 비롯된
다. 따라서 덜구 소리에는 이와 관련된 내용도 특징으로 드러난다.
산과 강의 근원을 이야기하고 그 지맥으로 형성된 전국의 명산과
강을 거론한 다음, 마침내 지금 자리잡은 묘터도 명당이라는 것을
말한다. 이러한 내용이 잘 드러난 덜구 소리의 사설을 본다.


　산지조종은 곤륜산이요/수지조종은 황하수인데/곤륜산 일진맥
은/우리조선 생겼으되/백두산이 주산되고/한라산이 안산된데이/
두만강이 청룡되고/압록강이 백호되니/……/천하명산을 골라잡
아/편한 양지 어디든고/팔도강산 좋은 명산/역력히도 둘러보소/
시울앞산 삼긱선은/한강물이 둘리있고/평안도라 묘항산온/대동 강
이 둘러있고/……/안동땅에 비봉산은/반변천이 둘러있고/이산맥
을 밟아보이/천하에도 제일인데/편한 양지 여기로데이


　무덤 다지기를 적게는 세 차례, 많게는 일곱 차례까지 한다. 상주
의 요구에 따라 그 횟수가 정해지나 일반적으로는 다섯 차례 정도
다진다. 흙을 무덤 위에 쌓고서 흙이 단단하게 다져지기까지 덜구

찧는 것을 한 차례로 인식한다. 이처럼 한 차례 덜구를 찧고 나서 덜구꾼들이 막걸리를 마시며 쉬는 동안 다른 산역꾼들이 새 흙을 무덤 위에 다시 쌓고는 덜구 찧을 준비를 한다. 이렇게 몇 차례 덜구를 찧는 가운데 봉분의 모양이 형성되면 마지막으로 잔디를 입히고 봉분 앞에 상석과 비석, 망두석 등을 설치한다. 묘지 주위에 석축을 쌓고 지면을 고른 뒤에 잔디를 입히고 나무를 심어 경관을 조성해 두면 묘지 만들기 작업은 끝난다.

　　운상에서부터 묘지 조성에 이르는 의례를 특히 장례(葬禮)라 하여 상례에서 별도로 인식하기도 한다. 장례를 마치게 되면 주검에 대한 의례는 일단락되지만 영혼에 대한 의례는 아직도 계속된다.

**묘터를 향하는 상여**　이른바 명당의 발복은 주검의
공간인 무덤으로부터 비롯된다. 따라서 덜구 소리
에서도 산과 강의 근원을 이야기하고 그 지맥으로
형성된 전국의 명산과 강을 거론한 다음 마침내
지금 자리잡은 묘터도 명당이라는 것을 말한다.

우선 묘지에서 반혼한 혼백이 영여를 타고 집으로 돌아오면 집을 지키던 여성들이 나와 맞이하며 곡을 한다. 이를 특히 반곡(反哭)이라 한다. 반곡하는 가운데 혼백을 빈소(殯所)의 영좌에 모신다. 빈소는 지역에 따라 빈실(殯室) 또는 상청(喪廳), 제청(祭廳), 영실(靈室)이라고도 한다. 대청이나 죽은 이가 거처하던 사랑에 제상을 차리고 신주와 혼백 상자를 모셔 둔 채, 죽은 지 3년이 되는 해 대상(大祥)을 마치고 탈상할 때까지 아침 저녁으로 음식상을 차려 올리는 한편 조문객의 문상을 받는다. 음식 올리는 일을 상식(上食)이라한다. 주검과 달리 영혼은 마치 살아 있는 양 모셔 두고 일정 기간 상식을 하고 예를 바치는 셈이다.

# 3일, 3월, 3년 만의 세 의례

　　장례 뒤에 이루어지는 죽은 이에 대한 의례는 날(日)과 달(月), 해(年)를 기준으로 제각기 이루어지되 3의 주기를 지킨다는 점에서 통일성을 지닌다.

　　먼저 날을 기준으로 한 '삼우제(三虞祭)'를 보면 출상 당일부터 3일째 되는 날까지 세 차례 제사를 지내는데 이를 '우제(虞祭)'라 한다. '우제'는 주검을 묘지에 묻어 두었기 때문에 주검을 떠난 영혼이 방황할 것을 우려하여 편안하게 빈소에 안착하도록 하는 제사이다. 초우제는 반혼하는 즉시 올리는데, 반혼이 늦었을 경우에는 저녁 식사를 올릴 때 겸하여 지내기도 한다. 따라서 초우제를 반혼제라 하는 지역도 있다. 우제는 제물을 제대로 갖추어 차리고 술잔도 세 차례 올리며 본격적인 제사 차례를 두루 거친다. 일반적인 기제사와 그 차례가 같다. 재우제나 삼우제는 초우제와 그 방식이 같으나 당일 아침에 올린다.

　　재우제는 장례일 다음날, 삼우제는 3일째 되는 날에 지내는 것이 일반적이나 날을 가려서 재우제는 일진(日辰)이 을(乙), 정(丁), 사(巳), 신(辛), 계(癸)에 해당되는 날에 지내고, 삼우제는 재우제

뒤의 갑(甲), 병(丙), 무(戊), 경(庚), 임(壬)에 해당되는 날에 지내기도 한다. 삼우제를 지내고서는 반드시 성묘를 간다. 이때 장지에 동행하지 않았던 여성들은 묘지의 위치를 확인하고 성묘길을 익히며 상주들은 봉분의 완성된 상태를 점검하는 기회로 삼는다. 이때부터 매일 올리던 상식을 줄여서 음력 초하루와 보름, 곧 삭망(朔望) 때만 올리기도 한다.

초상 뒤 3일까지 삼우제를 마친 뒤에 3개월 안에 날을 잡아서 다시 '졸곡제(卒哭祭)'를 지낸다. 날을 잡는 기준은 삼우제 때와 같다. 곧 갑, 병, 무, 경, 임에 해당되는 날을 택한다. 지역에 따라서는 삼우제 이틀 뒤에 지내기도 한다. 제사의 절차는 축문의 내용만 다를 뿐 우제와 같다. 졸곡제는 말 그대로 곡을 그치는 제사로 졸곡제 뒤에는 수시로 하던 곡을 그치고 아침 저녁으로 상식할 때만 곡을 한다. 흔하지 않지만 사당이 있는 집에서는 졸곡제 다음날 신주를 사당에 모시는 '부제(祔祭)'를 지내기도 한다. 요즘 의례 간소화에 따라 백일 탈상을 하는 경우는 초상 뒤 3개월 정도 되어 올리는 종전의 졸곡제에 해당된다고 보겠다.

초상 뒤 3개월 만에 졸곡제가 있고 다시 일 년 주기의 제사가 크게 두 차례 있으니 이른바 '소상(小祥)'과 '대상(大祥)'이다. 초상에서부터 소, 대상의 의례를 흔히 삼년상이라고 한다. 적어도 3년째 되는 해까지 세 차례 의례를 행한다는 점에서 삼우제, 졸곡제와 같이 날과 달을 근거로 한 의례 주기와 더불어 해를 근거로 한 의례 주기도 3을 기준으로 이루어지고 있는 것이다. 초상 이듬해의 기일에 소상을 치르고 그 다음의 기일에 대상을 치르는데 제사의 절차는 기일의 전날 저녁에 상식을 하고 곡을 한 다음 손님들의 조문을 받고 이튿날 새벽에 본격적인 소, 대상 제사를 올린다. 절차는 우제나 졸곡제와 같다.

최근에는 백일 탈상이 늘었지만 전통적으로는 대상을 마치는 해에 탈상을 한다. 3년째 되는 해에 탈상을 하는 것이나 관행상 3년 만에 탈상을 한다고 한다.

「예서」에는 대상 뒤에 삼년상을 무사히 마쳤다는 뜻의 '담제(禫祭)'를 별도로 지내고 탈상을 하도록 되어 있으나 실제는 거의 지켜지지 않고 있다. 탈상을 하게 되면 상복을 벗고 빛깔 있는 옷을 입을 수 있으며 음식도 금하는 것 없이 마음대로 먹을 수 있다. 탈상을 계기로 죽은 이의 영혼에 대한 의례가 일단 끝나고 살아남은 후손들은 상주의 제약에서 벗어나는 것이다.

결국 3년에 걸친 복잡한 상례의 의례를 모두 마치는 것과 함께 죽은 이는 온전히 저승에 재통합하고, 산 사람들 역시 본디 생활로 되돌아와 현실적인 삶에 재통합하게 된다.

# 죽음의 의례와 출산의 의례

여기서 주목할 것은 죽은 자나 산 자나 함께 현실을 떠나 삶과 죽음의 세계 사이에서 전이기를 갖는다는 사실과 그 전이기 3년을 비롯하여 전이기 동안에 행해지는 의례가 모두 3의 주기와 관련이 있다는 것이다. 우선 죽은 자가 이승을 떠나서 저승에 재통합하기 위해서는 일정한 기간 전이기를 가져야 한다고 생각하는 것은 통과 의례 일반의 원리로 이해할 수 있다. 그러나 산 자는 이승에서 눌러 살아야 하는 존재임에도 불구하고 죽은 자와 더불어 같은 전이기를 겪는 것은 별도의 이해가 필요하다.

임종 뒤에 상주들이 머리를 풀어 산발을 하는 한편 옷소매에 팔을 끼지 않고 옷고름을 엉뚱하게 매는 등 비정상적인 차림새를 하는 것은 부모의 죽음을 충격적으로 받아들인다는 경황 없음의 징표인 동시에 죄인된 처지에서 극단적인 애도를 나타내는 징표이다. 식음을 삼가고 사회적인 삶과 단절하여 대상 때까지 오로지 상주로서 재계를 하고 금기도 지켜야 한다. 유교적 도덕률에 입각해 보면, 상주는 부모를 죽게 한 죄인이므로 당연히 세상과 격리되어 그에 상응하는 시련을 겪어야 한다. 따라서 이러한 생각이 산 자로서

금줄　출생을 알리는 금줄이다. 출생 의례는 죽음의 의례보다 간략하다.

상주에게 고난의 전이 의례를 감당하도록 했을 가능성이 있다.

그러나 보다 원초적인 시각에서 본다면 죽은 자의 영혼이 저승에서 온전하게 다시 나서 재통합하기 위해서는 상주가 전이기 동안 영혼과 더불어 지내며 도와 줄 필요가 있다는 생각도 바닥에 깔려 있다고 보아야겠다. 영혼은 죽은 뒤 막 주검과 분리되어 있는 상태이다. 어느 때보다 불안정하고 갈피를 잡지 못하고 있는 상태인 것이다.

따라서 상주가 늘 빈소를 지키며 조석으로 곡하고 음식을 올리는가 하면 향을 피워 부정을 물리치는 역할을 담당할 뿐 아니라 묘지에서 반혼할 때에도 상주는 무덤이 미완성 단계이지만 주검을 버려 두고 영혼을 따라 곡하며 돌아온다. 주검을 떠나 배회할지도 모르는 영혼을 여러 모로 지켜 주는 구실을 하는 셈이다. 그러므로 상주의 영혼 지키는 기간 역시 영혼이 저승으로 재통합하는 기간과 일치할 수밖에 없다.

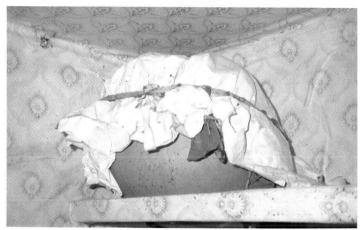

**삼신바가지**   출생 의례는 삼(3), 태와 밀접한 관련이 있다. 잉태, 출산, 육아의 신을 삼신이라고 한다. 삼신은 곧 태의 신이자 출산의 신이다.

　다음으로 주목할 것은 전이기와 의례의 주기가 한결같이 3을 근거로 하고 있는 점이다. 3은 민속학적으로 여러 가지 의미를 지닌 수이지만, 상례와 관련지어 보면 특수한 의미로 쓰였을 가능성이 있다. 삶과 죽음 또는 출생과 사망은 동전의 양면과 같아서 그 나타남새와 숨김새만 다를 뿐 항상 더불어 있다. 곧 남(生)은 죽음을, 죽음은 곧 다시 남을 안으로 잉태하고 있다. 이승의 죽음 역시 저승의 남을 뜻한다. 따라서 상례는 이승에서의 죽음 의례이지만 다른 한편으로는 저승에서의 출생 의례이기도 하다.

　출생 의례는 삼(3), 태(胎)와 밀접한 관련이 있다. 잉태, 출산, 육아의 신을 우리는 삼신이라고 한다. 삼신은 곧 태의 신이자 출산의 신이다. 삼신은 한자말로 산신(山神)이나, 삼신(三神)으로 표기하는 이도 있는데 이는 태를 뜻하는 우리말 '삼'을 이해하지 못한 탓이다. 태를 가른다고 할 때 '삼 가른다'는 말을 흔히 쓴다. 웬만한 국어사전에도 삼은 곧 태로 풀이해 두었다. 그러므로 삼(3)의 의례들은 삼신의 '삼'과 무관하지 않다고 봐도 좋겠다. 삼 곧 태의 주술적 인식이 모든 의례를 3의 주기로 행해지도록 구상한 것으로 해석된다.

상례의 주기를 삼신과 관련지을 수 있는 구체적인 형상으로는 혼백 상자를 들 수 있다. 혼백 상자는 한지를 접어서 흰 상자에 넣은 것인데 죽은 이의 영혼을 모신 상자이다. 그 형상이 삼신바가지 또는 태의 모양과 닮았다. 영혼이 저승에서 다시 태어날 때까지 태를 상징하는 혼백 상자에 깃들어 있도록 모시는 것이다.

출산 의례와 보다 적절한 관련은 산후 3일, 삼칠일, 백날(3개월), 세 돌과 상례가 거의 일치한다는 것이다. 산후 3일째 비로소 아기에게 젖을 물리고 산모와 아기가 목욕을 하는가 하면 '태'도 이때 처리한다. 이는 마치 장례 뒤 3일 만에 올리는 삼우제에 해당된다면, 약 3개월 만에 행해지는 백날 잔치는 초상 뒤 약 3개월 또는 백일 만에 행해지는 졸곡제에 해당되고, 출산 뒤 3년까지 치러지는 돌잔치는 초상 뒤 3년까지 행해지는 삼년상과 적절히 대응된다. 삼칠일도 7일 주기를 3번한다는 점에서 3의 범주에 포함되는 의례이다.

아기가 출산하여 세 돌이 지날 때까지는 그 잔치가 성대하지만 그 뒤부터는 예사 사람들과 마찬가지로 평범한 생일을 치루게 된다. 세 돌 뒤부터는 사회에 온전히 통합된 것으로 보기 때문이다. 상례의 경우도 마찬가지이다. 삼년상을 마칠 때까지는 그 제사 의례가 대단히 성대하나 그 뒤부터는 다른 조상들처럼 죽은 날에 예사 제사를 해마다 올릴 따름이다.

그리고 일반적으로 부활 또는 재생 기간이 삼이라는 점도 고려할 필요가 있다. 예수가 3일 만에 부활한 것이나 달이 완전히 이지러진 다음에 3일 만에 떠오르는 것 등은 모두 3이라는 숫자와 무관하지 않다. 죽음은 곧 저승에서의 부활이자 재생이다. 그러므로 우리는 삶과 죽음의 관계는 물론 출생과 사망의 의례 구조도 서로 유기적인 관련성 속에 형성되어 있다는 것을 새롭게 확인할 수 있다.

# 존재와 세계에 대한 이원적 인식

상례는 죽음의 의례이자 죽은 이에 관한 의례이다. 그러면서 늘 삶의 의례와 걸려 있고 산 자에 관한 의례도 더불어 있는 것이다. 이러한 상례의 준거는 일정한 인식의 틀에 토대를 두고 있다. 죽음에 대한 현실적, 경험적 인식과 초월적, 관념적 인식이 그것이다. 죽음에 대한 두 인식의 대립성은 현실적인 경험에서 비롯된다.

현실적으로 맞이하는 죽음의 경험은 무상하기 그지없다. 이러한 죽음의 허무성에 대한 이성적 인식은 마침내 이를 극복하는 새로운 인식을 창출하게 된다. 죽는다는 현실을 받아들이면서 한편으로는 죽지 않는다는 초월성을 상정한 것이다. 죽음을 죽음으로 인정하지 않고, 새로운 태어남으로 받아들이려는 이성적 사고가 마침내 두 개의 세계를 상정하게 된다.

두 개의 세계는 삶의 세계와 죽음의 세계, 이승과 저승 또는 전생과 현생으로 짝을 이루며 이원적으로 형성되어 있다. 죽음의 세계와 저승, 전생은 모두 관념의 세계일 따름이다. 그러나 현실적으로 맞이하는 죽음은 삶의 종말로서 이승에 그대로 실재한다. 주검이라는 실체로 나타나는 것이다. 따라서 죽음으로부터 초월적인 삶을 누릴 별도의 존재를 관념해 내지 않으면 안 된다. 그것이 살아 있는 동안 몸에 깃들어 있다고 여기는 관념적 존재인 영혼이다. 그러므로 죽음이라는 개념은 현실적으로 숨이 끊어지는 것이지만 관념적으로는 주검과 영혼의 분리를 뜻한다. 임종 때 '속굉'과 '고복'은 죽음에 대한 이원적 인식에 제각기 기초한 것이다. '속굉'은 숨이 끊어짐을, '고복'은 영육의 분리를 확인하는 절차이기 때문이다. 이승과 저승의 이원적 세계관은 마침내 주검과 영혼이라는 영육의 이원성을 인정하기에 이른다.

그러나 이러한 추론의 과정은 실제로 뒤바뀌어져 있을 가능성이 더 높다. 곧 죽음의 허무를 극복하기 위해 실제로 죽음을 맞이하는 주검말고 영원히 사는 존재인 영혼을 별도로 상정함으로써 마침내 영혼의 세계인 저승을 창출해 냈을 가능성이 더 크기 때문이다. 중요한 것은 연역의 과정이 아니라 인식 자체이다. 닭과 달걀의 앞뒤를 따지는 일보다 그 둘의 관계 인식이 더 중요한 것과 같은 이치이다. 우리가 여기서 확인할 수 있는 사실은 존재의 인식과 세계의 인식이 일치한다는 것이다. 이를테면 영육을 일원론적으로 인식하는 경우 세계도 하나이나 영육을 이원론적으로 분리해서 생각할 때는 세계도 둘로 존재한다는 것이다.

이러한 세계관적 인식은 삶과 죽음에 대한 의문 내지 현실적인 한계를 관념적으로 극복하려는 의지에서 비롯된 것이지만 마침내 존재의 있고 없음, 오고 감, 나고 죽음 등의 문제를 한결같이 이원적 세계관에 입각해서 풀이하고 인식하기에 이른 것이다. 그러므로 현실적인 경험의 인식에 토대를 둔 일원론적 세계관에서 한계 상황을 극복하고자 발전적 대안으로 마련된 것이 이원론적 세계관이라 하겠다.

이원론적 세계관은 상례에서 여러 모로 구체화되고 있다. 영육을 이원적으로 인식하고 있는 구체적인 예증을 든다면 영좌와 칠성

현실적으로 맞이하는 죽음의
경험은 무상하기 그지없다.
이러한 죽음의 허무성에 대한
이성적 인식은 마침내 이를
극복하는 새로운 인식을 창출
하게 된다.(위, 아래)

존재와 세계에 대한 이원적 인식 109

판, 혼백과 입관, 영여와 상여, 반혼과 하관 등이다. 이 가운데 가장 분명하게 시각적으로 대조하여 그 실체를 보여 주는 것이 영여와 상여이다. 이승을 떠나 죽음의 세계로 가는 장례 행렬에서 죽은 이의 영혼을 운반하는 영여와 주검을 운반하는 상여를 현실적으로 구분하고 있는 것이다.

이와 더불어 상엿소리나 덜구 소리에서도 이러한 세계관을 구체적으로 노래하고 있다. 곧 "떼딴제미(잔디) 울을 삼고 까막까치 벗을 삼아 누워" 있어야 하는 주검의 세계와 염라대왕 앞에 가서 심판을 받아야 할 영혼의 세계를 제각기 노래하는 것이다. 죽음의 세계를 주검이 묻히는 현실적인 흙의 세계와 영혼이 새로운 삶을 누리는 초월적인 피안의 세계로 인식하는 것 역시 죽음의 현실을 인정할 수밖에 없는 경험적 현실과 이를 극복하고자 하는 관념적 의지가 빚어낸 세계관적 산물이라 하겠다.

현실과 관념은 제각기 경험적인 것과 초월적인 것으로 나타난다. "저승길이 멀다드니 대문 밖이 저승일세" 하는 사설이 죽음의 현실성을 경험적으로 나타낸 것이라면 "사자님아 사자님아 내 말 잠깐 들어주오/시장한데 점심하고 신발이나 고쳐 신고/쉬어 가자 애걸한들 들은 체도 아니하고"라는 사설은 죽음의 관념성을 초월적인 것으로 나타낸 것이다. 따라서 저승에 대한 인식은 하나로 일관되어 있는 것이 아니라 늘 모순 관계에서 맞서고 있다. 그 결과 경험적으로는 가깝고 관념적으로는 한없이 먼 것이 죽음의 세계이다. 현실과 이상의 모순은 상례 전반에 걸쳐 조의성과 축제성, 경건성과 난장성, 울음과 웃음, 곡소리와 노랫소리로 상반되는 관행을 이루며 대립적으로 수행되는 것이다.

그러나 이원적 대립성은 완전히 독립적인 관계에 놓여 있는 것은 아니다. 저승을 초월적인 세계로 그리되 현실적인 삶의 인식에 근거를 두고 있다. 시장하니 점심을 먹자든가, 신발을 고쳐 신고 쉬어

가자든가 하는 것은 다 경험적인 생각들이다. 저승 사자를 위해 '고복' 뒤에 '사자상'을 차리는 것이라든가 '습의'가 끝날 무렵 '반함' 의례를 하는 것 등이 다 그러하다. 이를테면 저승 사자에게 밥과 신발 및 노자를 준비해 주고, 죽은 이에게 저승까지 갈 동안의 양식을 입에 넣어 주는가 하면, 저승 사자나 저승 문지기에게 뇌물로 줄 돈이나 선물을 준비하는 것은 인간적이고 현실적일 뿐 아니라 세속적이기조차 한 것이다.

현실적 인식에 토대를 둔 죽음의 세계는 마침내 죽음의 과정을 태어남과 삶의 그것과 같은 맥락에서 인식하기에 이른다. 주검을 다루는 관행들은 특히 이러한 인식을 잘 반영하고 있다. 갓 태어난 아기를 받아서 목욕을 시키고 강보에 싸듯이, 주검을 다루는 경우에도 역시 목욕시키는 일과 옷을 입히는 일이 가장 중요한 절차이다. 해산하는 달이 다가오면 배내옷을 준비하듯이 임종이 가까워지면 수의를 준비해 두어야 하는 것도 같은 맥락에서 이해된다.

다만 출생은 영육이 하나로 되는 데 비해 죽음은 영육이 분리된다는 점에서 차이를 보인다. 영육의 이원적 인식에 따라, 주검을 움직이지 못하도록 고정시켜 두기도 하고 운반하기 수월하게 하는 장치들을 마련해 두기도 하는 한편, 영혼이 저승에서 먹을 양식을 갈무리하고 저승문을 지키는 사자들에게 줄 고깔 모자도 미리 여금을 해 두는 것이다. 앞의 것이 주검에 대한 것이자 이승에서의 죽음을 전제로 한 절차들이라면, 뒤의 것은 영혼에 관한 것이자 저승에서 살아날 것을 전제로 한 절차들이라 하겠다.

죽음의 의례가 출생 의례와 대응 관계에 있는 것도 이승에서의 죽음은 곧 저승에서의 새로 태어남이라는 인식과 만나기 때문이다. 영혼이 저승에서 온전하게 태어나기 위해서는 이승에서 적절한 죽음의 의례를 거치고 만반의 차비를 갖추어야 한다고 여긴다. 묘터의 좌향 및 하관 시각을 정확하게 지키려는 것 역시 삶과 출생의 문제에 토대를 둔 것이다. 양택인 집터가 좋아야 가세가 번영하듯이 음택인 묘터가 명당이어야 죽은 이의 몸과 마음도 편하고 살아남은 후손들도 번성한다고 믿고 있으며 태어나는 시각에 따른 연월일시의 사주가 평생의 운명을 좌우하듯이 저승에서 다시 나는 시각도 저승살이를 결정한다고 여긴 까닭에 하관시를 정확하게 잡아서 지키는 셈이다.

그러면서도 양자가 맞서는 관계를 보이는 것은 출생 의례가 이승에서 맞이하는 의례라면 상례는 저승으로 보내는 의례라는 점이다. 그리고 출생은 영육의 합일로 나타나는데 죽음은 영육의 분리로 나타난다. 따라서 상례는 분리된 영육을 제각기 다루면서 저승에 온전히 갈 수 있도록 하는 보냄의 의례를 해야 하므로 그 의례가 복잡할 수밖에 없다. 또 하나는 출생과 죽음을 관장하는 신격이 다르다는 데 있다. 삼신이 인간의 출생을 관장한다면 죽음을 관장하는 신격은 칠성신이다. 일반적으로 인간의 수명은 칠성신이 담당하는 것으로 믿고 있다. 주검을 얹는 시상판(屍狀板)을 칠성판이라 하고 실제로 칠성을 그리기까지 한다. 그리고 주검을 싸매는 베도 칠성칠포라고 한다. 이처럼 칠성이라는 말과 일곱이라는 숫자가 흔하게 등장하는 까닭은 칠성 신앙 때문이다.

영육 합일의 산 자와 영육 분리의 죽은 자에 대한 인식은 실제 관행에서 모순을 일으키기도 한다. 이를테면 실제로 저승으로 가는 존재는 주검이 아니라 영혼인데 '수시'를 하면서 마치 주검이 저승에 들어가는 것처럼 양식과 선물을 준비하는가 하면, 영혼은 주검 앞에 차린 영좌에 모시거나 무덤에서 반혼하여 빈소에 모심에도 불구하고 마치 영혼이 멀리 떠난 것처럼 고복을 하거나 멀리 떠날 것처럼 사자상을 차린다. 이러한 모순은 영육의 분리를 관념적으로 인정하지만 경험상 인간은 영육이 합일된 존재이므로 존재의 실체인 주검을 근거로 하여 영혼의 세계를 떠올리기 때문이다.

# 상례의 모순 현상과 산 자의 소망

상례에 나타나는 논리적 모순이나 형식적인 상반성들은 모두 현실과 이상, 경험과 관념에 토대를 둔 이원적 세계관 때문에 빚어진 것만은 아니다. 죽음에 대한 문화적 인식의 역사적 축적과도 깊이 관련되어 있다. 지금 행해지고 있는 상례의 관행들은 오랜 역사적 배경 속에서 형성되고 변한 것이다. 따라서 상례 속에는 원초적인 의례의 모습이 아직도 생생하게 남아 있는가 하면, 비교적 근래에 끼어든 새로운 의례들도 없지 않다. 자연히 전통 종교들의 상례 의식도 다양하게 섞여 있다. 이를테면 출상 전야의 빈 상여 놀이나 축제 형식의 운구 풍속은 상당히 고대적인 것이라면 방상씨 가면의 출현, 명정의 사용, 죽은 이의 사진 등장 등은 상내직으로 후대적인 모습이라 하겠다.

그리고 관머리 씻김굿과 초혼굿 같은 무교적 의식이 있는가 하면, 염라대왕과 저승 사자를 염두에 둔 의식과 꽃상여는 불교적 세계관에 입각한 것이며 기타 「예서」에 근거를 둔 각종 의식들은 유교에 바탕을 둔 것이다. 자연히 춤추고 노래하는 굿의 형식과 극락 왕생을 전제로 한 기원의 형식, 불효의 죄의식을 드러내거나 조상 숭배를 전제로 한 제례 형식들이 서로 섞여 있다. 그러므로 상례는 으레 조선조 유교 문화에 입각해서 성립되었다고 보거나 「예서」 중심으로 이해하려 드는 시각은 상례의 총체적인 모습을 온전하게 이해하는 데 커다란 한계를 가질 수밖에 없다. 상례의 절차에 편벽된 관심을 기울인 까닭도 이러한 한계의 결과이다.

일반적으로 상례는 조상 숭배의 한 양상으로 효(孝)의 표현이 집약된 것처럼 받아들이기 쉽다. 그러나 실제 관행을 보면 상당한 거리를 보인다. 주검을 다루는 가장 일차적인 작업이 손발을 묶는 일이다. 다음 단계에서도 마찬가지이다. 소렴을 할 때 온몸을 발끝에서 머리까지 일곱 부분이나 묶고, 대렴을 할 때 다시 완전히 감싸 묶는다. 그리고는 입관하여 관 뚜껑을 못으로 친다. 다시 묘지에 가서 하관을 하고 덜구 찧는 일을 세 차례 이상이나 한다. 무덤을 밟아 꼭꼭 다져 두는 것이다. 주검을 이처럼 꼼짝 못하게 결박하고 애써 다져 묻는 경우는 다른 민족의 문화에서는 찾아보기 어렵다.

주검을 꼭꼭 묶어서 땅에다 묻고 다지는 일은 조상 숭배나 효의 정신에 걸맞지 않게 보인다. 부모의 죽음에 대해 상주는 죄인된 차림을 하고 식음을 끊고 곡을 계속하여 불효를 뉘우치는 듯하나 사실은 효의 대상인 부모의 주검을 속박하고 학대하는 셈이다. 유교적인 효의 관념과 주검을 다루는 결박의 의식은 납득하기 어려운 모순 관계에 있다.

서구 사람들은 주검을 정장시키고 아름답게 화장시켜 산 사람이 꽃 속에 누운 듯이 화려하게 꾸민다. 마치 꽃 속에서 다시 살아난 듯한 모습을 하고 있다. 조문을 할 때에도 죽은 이의 생생한 모습을 직접 보면서 꽃을 바쳐 조의를 표한다. 그런데 우리의 경우는 마치 죽은 이가 되살아나기를 거부하는 듯이 또는 주검을 죄인 다루듯이 속박하고 감추고 격리시킨다. '수시'와 '염'을 하는 사람말고는 주검을 볼 수도 없다. 산 사람과 철저하게 분리시켜 생전의 모습을 보는 일은 도저히 불가능하게 되어 있다. 마치 되살아날 가능성이 있는 사람을 확실하게 죽음의 길로 몰아가려는 듯하다. 그러면서도 죽음을 애도하고 이를 돌이키려는 듯이 곡을 계속하며 살아 있는 이를 대하듯이 아침 저녁 상식을 올리는가 하면 혈연 체계에 따른 복제를 엄격히 지키고 조상 숭배 의례를 중복하여 여러 차례 하도록 의례화하고 있는 것은 모순이 아닐 수 없다.

이러한 모순들은 고대부터 전승되어 온 죽음에 대한 관념이 시대마다 다르게 변하면서 축적된 결과로 일원론적 세계관과 이원론적 세계관의 충돌 또는 무교, 불교, 유교의 세계관적 충돌에 의해 빚어진 것으로 이해할 수 있다. 그러나 보다 현실적인 이해는 조령(祖靈)에게 정중한 의례를 바치지 않으면 후손이 재앙을 입을 수도 있다는 생각과 죽은 사람이 되살아 움직이는 데 대한 두려운 생각이 이중적 양상으로 나타났다고 보는 시각이다.

주검이 되살아나면 산 자들에게는 공포의 대상일 따름이다. 그러니 단단히 결박하여 무덤 속에 다져 두는 것이다. 또한 영혼이 저승에 순조롭게 옮겨가지 못하고 이승에서 떠돌아다니면 집안에 재앙이 닥칠 가능성도 있다. 그러니 영혼을 달래고 위로하며 저승으로 여행하는 데 필요한 각종 의례를 바치는 것이다. 의례의 상반성에 대한 이런 식의 이해는 상례를 산 자와 죽은 자의 관계 곧 산 자와 주검, 산 자와 영혼의 관계 안에서만 인식한 셈이다.

상례는 산 자와 죽은 자의 관계에서 형성된 것일 뿐 아니라 산 자와 산 자의 관계에서 형성된 것이기도 하다. 상주가 죽은 자에 대해 엄격한 의례를 예법대로 정확하게 갖추어 진행하면서 효친의 정을 의례로 표시하고 조상 숭배의 뜻을 구현하고자 하는 것은 산 자가 자기 후손에게 기대하는 것을 상례를 통해서 보여 주려는 의도를 내포하고 있기 때문이다. 따라서 실제적으로 죽은 이를 속박하고 격리시키면서 관념적으로는 각종 조상 숭배의 예를 다하는 이유도 여기에서 찾을 수 있다.

한편으로 엄숙하고 경건한 의례를 행하면서 또 한편으로는 빈 상여 놀이나 다시래기와 같은 외설적이고 장난기 있는 놀이판을 벌이는 것 역시 산 자들이 죽음의 슬픔을 극복하고 생명 본성을 고무시키려는 삶의 슬기이다.

그러므로 결국 상례는 산 자가 기대하는 몇 가지 소망 곧 죽은 조령에게 바라는 희망과 자기 후손들에게 거는 기대 그리고 산 사람들은 건강하게 살아야 한다는 생명 의지가 서로 교차되면서 죽음의 의식을 통해 반영되고 있는 것이라 하겠다. 근래에 와서 조령에 대한 관념이 현실적으로 크게 바뀌었음에도 불구하고 상례의 전통이 다른 통과 의례에 비해 비교적 강하게 전승되고 있는 까닭도 여기에서 찾을 수 있다.

죽음이 산 자의 것이듯 죽음의 의례 역시 산 자의 것임을 다시 한번 확인하게 된다.

# 참고 문헌

「삼국사기」

「삼국지」

「사례편람」

김춘동, 「한국문화사대계 Ⅶ - 한국예속사」, 고려대학교 민족문화
　　　　연구소, 1979.

───, 「한국민속대관 1 - 상례」, 고려대학교　민족문화연구소,
　　　　1980.

이두현, 「한국민속학개설」, 민중서관, 1975.

이민수, 「관혼상제」, 을유문화사, 1975.

장철수, ‘전통적 관혼상제의 연구’, 「한국의 사회와 문화 2」, 한
　　　　국정신문화연구원, 1980.

───, ‘한국전통사회의 관혼상제’, 한국정신문화연구원, 1984.

빛깔있는 책들 101-16
# 전통 상례

글          ―임재해
사진         ―김수남

발행인       ―장세우
발행처       ―주식회사 대원사

편집         ―황병욱
총무         ―김인태, 정문철, 김영원

초판  1쇄  ―1990년  8월 30일 발행
초판  8쇄  ―2009년 10월 20일 발행

주식회사 대원사
우편번호/140-901
서울 용산구 후암동 358-17
전화번호/(02) 757-6717~9
팩시밀리/(02) 775-8043
등록번호/제 3-191호
http://www.daewonsa.co.kr

잘못된 책은 서점에서 바꿔 드립니다.

 값 13,000원

ISBN 89-369-0016-1 00380
ISBN 89-369-0000-5(세트)

# 빛깔있는 책들

## 민속(분류번호:101)

| | | | | |
|---|---|---|---|---|
| 1 짚문화 | 2 유기 | 3 소반 | 4 민속놀이(개정판) | 5 전통 매듭 |
| 6 전통 자수 | 7 복식 | 8 팔도 굿 | 9 제주 성읍 마을 | 10 조상 제례 |
| 11 한국의 배 | 12 한국의 춤 | 13 전통 부채 | 14 우리 옛 악기 | 15 솟대 |
| 16 전통 상례 | 17 농기구 | 18 옛 다리 | 19 장승과 벅수 | 106 옹기 |
| 111 풀문화 | 112 한국의 무속 | 120 탈춤 | 121 동신당 | 129 안동 하회 마을 |
| 140 풍수지리 | 149 탈 | 158 서낭당 | 159 전통 목가구 | 165 전통 문양 |
| 169 옛 안경과 안경집 | 187 종이 공예 문화 | 195 한국의 부엌 | 201 전통 옷감 | 209 한국의 화폐 |
| 210 한국의 풍어제 | 270 한국의 벽사부적 | | | |

## 고미술(분류번호 : 102)

| | | | | |
|---|---|---|---|---|
| 20 한옥의 조형 | 21 꽃담 | 22 문방사우 | 23 고인쇄 | 24 수원 화성 |
| 25 한국의 정자 | 26 벼루 | 27 조선 기와 | 28 안압지 | 29 한국의 옛 조경 |
| 30 전각 | 31 분청사기 | 32 창덕궁 | 33 장석과 자물쇠 | 34 종묘와 사직 |
| 35 비원 | 36 옛책 | 37 고분 | 38 서양 고지도와 한국 | 39 단청 |
| 102 창경궁 | 103 한국의 누 | 104 조선 백자 | 107 한국의 궁궐 | 108 덕수궁 |
| 109 한국의 성곽 | 113 한국의 서원 | 116 토우 | 122 옛기와 | 125 고분 유물 |
| 136 석등 | 147 민화 | 152 북한산성 | 164 풍속화(하나) | 167 궁중 유물(하나) |
| 168 궁중 유물(둘) | 176 전통 과학 건축 | 177 풍속화(둘) | 198 옛 궁궐 그림 | 200 고려 청자 |
| 216 산신도 | 219 경복궁 | 222 서원 건축 | 225 한국의 암각화 | 226 우리 옛 도자기 |
| 227 옛 전돌 | 229 우리 옛 질그릇 | 232 소쇄원 | 235 한국의 향교 | 239 청동기 문화 |
| 243 한국의 황제 | 245 한국의 읍성 | 248 전통 장신구 | 250 전통 남자 장신구 | |

## 불교 문화(분류번호:103)

| | | | | |
|---|---|---|---|---|
| 40 불상 | 41 사원 건축 | 42 범종 | 43 석불 | 44 옛절터 |
| 45 경주 남산(하나) | 46 경주 남산(둘) | 47 석탑 | 48 사리구 | 49 요사채 |
| 50 불화 | 51 괘불 | 52 신장상 | 53 보살상 | 54 사경 |
| 55 불교 목공예 | 56 부도 | 57 불화 그리기 | 58 고승 진영 | 59 미륵불 |
| 101 마애불 | 110 통도사 | 117 영산재 | 119 지옥도 | 123 산사의 하루 |
| 124 반가사유상 | 127 불국사 | 132 금동불 | 135 만다라 | 145 해인사 |
| 150 송광사 | 154 범어사 | 155 대흥사 | 156 법주사 | 157 운주사 |
| 171 부석사 | 178 철불 | 180 불교 의식구 | 220 전탑 | 221 마곡사 |
| 230 갑사와 동학사 | 236 선암사 | 237 금산사 | 240 수덕사 | 241 화엄사 |
| 244 다비와 사리 | 249 선운사 | 255 한국의 가사 | 272 청평사 | |

## 음식 일반(분류번호:201)

| | | | | |
|---|---|---|---|---|
| 60 전통 음식 | 61 팔도 음식 | 62 떡과 과자 | 63 겨울 음식 | 64 봄가을 음식 |
| 65 여름 음식 | 66 명절 음식 | 166 궁중음식과 서울음식 | | 207 통과 의례 음식 |
| 214 제주도 음식 | 215 김치 | 253 장醬 | 273 밑반찬 | |

## 건강 식품 (분류번호: 202)

105 민간 요법          181 전통 건강 음료

## 즐거운 생활 (분류번호: 203)

67 다도          68 서예          69 도예          70 동양란 가꾸기          71 분재
72 수석          73 칵테일          74 인테리어 디자인          75 낚시          76 봄가을 한복
77 겨울 한복          78 여름 한복          79 집 꾸미기          80 방과 부엌 꾸미기          81 거실 꾸미기
82 색지 공예          83 신비의 우주          84 실내 원예          85 오디오          114 관상학
115 수상학          134 애견 기르기          138 한국 춘란 가꾸기          139 사진 입문          172 현대 무용 감상법
179 오페라 감상법          192 연극 감상법          193 발레 감상법          205 쪽물들이기          211 뮤지컬 감상법
213 풍경 사진 입문          223 서양 고전음악 감상법          251 와인          254 전통주
269 커피

## 건강 생활 (분류번호: 204)

86 요가          87 볼링          88 골프          89 생활 체조          90 5분 체조
91 기공          92 태극권          133 단전 호흡          162 택견          199 태권도
247 씨름

## 한국의 자연 (분류번호: 301)

93 집에서 기르는 야생화          94 약이 되는 야생초          95 약용 식물          96 한국의 동굴
97 한국의 텃새          98 한국의 철새          99 한강          100 한국의 곤충          118 고산 식물
126 한국의 호수          128 민물고기          137 야생 동물          141 북한산          142 지리산
143 한라산          144 설악산          151 한국의 토종개          153 강화도          173 속리산
174 울릉도          175 소나무          182 독도          183 오대산          184 한국의 자생란
186 계룡산          188 쉽게 구할 수 있는 염료 식물          189 한국의 외래·귀화 식물
190 백두산          197 화석          202 월출산          203 해양 생물          206 한국의 버섯
208 한국의 약수          212 주왕산          217 홍도와 흑산도          218 한국의 갯벌          224 한국의 나비
233 동강          234 대나무          238 한국의 샘물          246 백두고원          256 거문도와 백도
257 거제도

## 미술 일반 (분류번호: 401)

130 한국화 감상법          131 서양화 감상법          146 문자도          148 추상화 감상법          160 중국화 감상법
161 행위 예술 감상법          163 민화 그리기          170 설치 미술 감상법          185 판화 감상법
191 근대 수묵 채색화 감상법          194 옛 그림 감상법          196 근대 유화 감상법          204 무대 미술 감상법
228 서예 감상법          231 일본화 감상법          242 사군자 감상법          271 조각 감상법

## 역사 (분류번호: 501)

252 신문          260 부여 장정마을          261 연기 솔올마을          262 태안 개미목마을          263 아산 외암마을
264 보령 원산도          265 당진 합덕마을          266 금산 불이마을          267 논산 병사마을          268 홍성 독배마을